刘鹏 编著

SHENGHUOZHONG WUCHUBUZAI DE

生活中无处不在的

物理原理

中国出版集团
现代出版社

图书在版编目（CIP）数据

生活中无处不在的物理原理 / 刘鹏编著 .—北京：现代出版社，2012.3（2025 年 1 月重印）

ISBN 978 – 7 – 5143 – 0531 – 9

Ⅰ . ①生… Ⅱ . ①刘… Ⅲ . ①物理学 – 青年读物②物理学 – 少年读物 Ⅳ . ① 04 – 49

中国版本图书馆 CIP 数据核字（2012）第 021800 号

生活中无处不在的物理原理

编　　著	刘　鹏
责任编辑	吴庆庆
出版发行	现代出版社
地　　址	北京市安定门外安华里 504 号
邮政编码	100011
电　　话	010 – 64267325　010 – 64245264（兼传真）
网　　址	www. 1980xd. com
电子信箱	xiandai@ vip. sina. com
印　　刷	三河市人民印务有限公司
开　　本	710mm × 1000mm　1/16
印　　张	13
版　　次	2012 年 3 月第 1 版　2025 年 1 月第 9 次印刷
书　　号	ISBN 978 – 7 – 5143 – 0531 – 9
定　　价	49. 80 元

序

生活处处有科学

提起“科学”，不少人可能会认为它是科学家的专利，普通人“可望而不可即”。其实，科学并不高深莫测，科学早已渗入到我们的日常生活中，并无时无刻不在影响和改变着我们的生活。无论是仰望星空、俯视大地，还是近观我们周遭咫尺的器物，都处处可以发现有科学之原理蕴藏其中。即使是一些司空见惯的现象，其中也往往蕴涵深奥的科学知识。

科学史上的许多大发明大发现，也都是从微不足道的小现象中生发而来：牛顿从苹果落地撩起万有引力的神秘面纱；魏格纳从墙上地图揭示海陆分布的形成；阿基米德洗澡时从溢水现象中获得了研究浮力与密度问题的启示；瓦特从烧开水的水壶冒出的白雾中获得了改进蒸汽机性能的想象；大名鼎鼎的科学家伽利略通过观察吊灯的晃动中发现了钟摆的等时性……

所以说，科学就在你我身边。一位哲人曾说：“我们身边并不是缺少创新的事物 ，而是缺少发现创新的眼睛。”只要我们具备了一双“慧眼”，就会发现在我们的生活中，科学真是无处不在。

然而，在课堂上，在书本上，科学不时被一大堆公式和符号所掩盖，难免让人觉得枯燥和乏味，科学的光芒被掩盖，有趣的科学失去了它应有的魅力。

常言道，兴趣是最好的老师，只有从小培养起同学们对科学的兴趣，才能激发他们探索未知科学世界的热忱和勇气。拨开科学光芒下的迷雾，让同学们了解身边的科学、爱上科学。我们特为此精心编写了本书。

在编写时，我们尽量从生活中的现象出发，进行科学的阐述，又回归于日常生活。从白炽灯、自行车、电话这些平常的事物写起，从身边非常熟悉的东西展开视角，让同学们充分认识到：生活处处皆学问，现代生活处处有科技。

今天，人类已经进入了新的知识经济时代，青少年朋友是21世纪的栋梁，是国家的未来，民族的希望，学好科学是时代赋予他们的神圣使命。我们希望这套丛书能够激发同学们学习科学的兴趣，帮助同学们树立起正确的科学观，为学好科学、用好科学打下坚实的基础！

本丛书编委会

前　言

物理学是研究物质结构及其运动规律，以及物质、能量和它们相互作用规律的科学。它是一门思辨的科学，它鼓舞着年轻人，并拓展着我们关于大自然知识的疆界；它发展着未来技术进步所需的基本知识，有助于技术的基本建设；它为科学进步和发明的利用，提供所需的训练有素的人才；它在培养化学家、工程师、计算机科学家及物理科学和生物医学科学工作者的教育中，是一个重要的组成部分。

不太了解物理的人往往觉得物理是抽象的、枯燥的。其实只要愿意深入进去，你就会发现物理是美妙的——可以启发和引导人们透过表面现象，在更深的层次上发现事物的规律，从而了解表面上看不到的结果。

物理的魅力还在于它以各种方式影响着我们的日常生活，比如，我们熟悉的高尔夫球，不知你是否注意到：高尔夫球表面上坑坑洼洼的小坑反而使它被打得更远，这里面有什么奥妙呢？在一根横跨两幢大楼、高度为110米、长度为196米的钢丝上稳步向前走，在如此危险的高空中走钢丝能够获得成功，你可曾想过其理论依据是什么吗？毒性很大的响尾蛇，它的眼睛对可见光几乎失去了作用，然而它却能敏捷地捕捉田鼠及其他小动物，你想过其中蕴涵的原理吗？……凡此种种，都是生活中我们所遇到的很普遍的现象，这些普遍现象都与物理息息相关。

本书始终贯穿着一种强烈的应用意识，突出物理的“无处不在”，即把物理理论紧密地与生活中的实际问题相结合，共分为“无处不在的力的世界”、“形影不离的电和磁”、“多姿多彩的光学天地”、“奇妙魔幻的声音探索”、“有趣的热学天地”、“运动的奇妙世界”、“变来变去的能源宝藏”七个单元，涉及学生身边事物的方方面面，让读者充分感受到原来物理与现实如此之近。

第一部分“你知道吗”先描述一个具体的情境，再在这个情境中提出一个物理问题。阅读这一部分内容，读者将学习如何从具体的生活实际中提出物理问题。

第二部分“物理原理”是运用相关的物理原理解决或者解释第一个板块中提出的物理问题，并且学习解决这个物理问题的思路和方法，有利于提高读者的思维能力。

第三部分“延伸阅读”提纲挈领地指出了解决问题时所运用的物理知识和方法，以及该物理知识在其他领域的运用等，以便读者能更好地解决其他的物理问题。

在具体操作过程中，“物理原理”这一板块尽量考虑和中学阶段的数学知识相结合，即使是超纲内容也用简单易懂的方式呈现，便于读者理解，使学生在应用中进一步加强对数学知识的理解。

很多读者开始学物理时，经常把物理与生活分开来，其实，如果把物理融入生活，生活物理化，那么，学起物理来，不仅可以知道其来龙去脉，更重要的是可以锻炼自身严密的物理思维，对以后掌握新的学科有很大的帮助。

今后物理的发展，更有赖于对生活的种种发现提出问题、解决问题。物理无处不在，只要我们多留心身边的事物，多问几个为什么，就能慢慢发现物理的趣味性和实用性，对物理产生亲切感。但愿本书能成为同学们学习物理的好帮手。

CONTENTS

目录

无处不在的力的世界

磨菜刀时为何要不断浇水

你知道吗

有一天，爸爸在厨房忙碌。小明发现爸爸为了让菜刀更锋利以便切肉，磨起了菜刀，不过令他感到奇怪的是，爸爸一边磨刀一边还不停地往刀刃上浇水。他问爸爸为什么要浇水，爸爸说磨刀不误砍柴工，浇水刀磨得更好。可是为什么浇水刀会磨得更好呢？爸爸也只说这是经验之谈，至于有什么科学原理，他也说不上来。

物理原理

实际上，这里面包含着物理知识。磨菜刀时要不断浇水，是因为菜刀与石头摩擦做功产生热会使刀的内能增加，温度升高而导致刀口硬度变小，刀口不利；浇水是利用热传递使菜刀内能减小，温度降低，不会升至过高，自然也就不会改变刀口的硬度而降低刀口的锋利度了。

延伸阅读

摩擦是一种极为普遍的现象，我们知道：摩擦是在相互接触的物体表面上发生阻碍物体相对运动的现象。阻碍物体相对运动的力叫做摩擦力，根据不同的情况，摩擦分为静摩擦、滑动摩擦和滚动摩擦。摩擦在实际生活中的例子也很多。演奏乐器需要摩擦、抓住物体需要摩擦、皮带传动需要摩擦，铁钉固定在墙上也要靠摩擦。但摩擦也会给人带来麻烦，例如：机器开动时，滑动部件之间摩擦而浪费动力，还会使机器的部件磨损，寿命缩短。我们有时希望地球上从来就没有摩擦力，但如果真的没有摩擦力，人们的生活又会发生什么样的变化呢？

用机器磨菜刀

首先，我们无法行动。脚与地面没有了静摩擦，人们简直寸步难行。车轮与地面间光滑，怎么才能开动汽车呢？汽车还没发动就打滑，要么就是车子开起来了就停不下来，没有阻碍它运动的力，就只能无限滑下去，最后与其他车相撞，造成一起又一起的交通事故。飞机无论是活塞发动机或者涡轮喷气发动机都无法启动。

第二，我们无法拿起任何东西。我们能拿东西靠的就是摩擦力，摩擦力来自于物体本身的凹凸和我们手上的指纹，如果没有了摩擦力，物体光滑，我们也没有了指纹，不仅拿不起东西，拧盖子、扭把手等一系列的力的作用都无法进行，生活处处困难重重。

摩擦力有利也有弊，只要减少它不利的一面，利用它有利的一面，它就会造福人类。

不倒翁不倒之谜

你知道吗

同学们小时候最常玩也最喜欢玩的玩具之一当属不倒翁了，被扳倒后它会自动站起来，怎么也扳不倒，好神奇！于是我们开始拿其他东西做实验，喝水的杯子、拼好的积木、玩具汽车、毛绒玩具……一个个被扳倒后都不再动弹，可是为什么唯独不倒翁倒不下去呢？它的稳定程度怎么会这么好？难道有神奇的力量在支撑着它不成？

物理原理

不知道大家注意没有，不管用什么材质做成的不倒翁，它下面的部分都很重，上面的部分相对较轻，这就是应用了物理学中“重心越低越稳定”的原理，也就是上轻下重的物体比较稳定的道理。当不倒翁在竖立状态处于平衡时，重心和接触

不倒翁

点的距离最小，即重心最低。偏离平衡位置后，重心总是升高的。因此，这种状态的平衡是稳定平衡。所以不倒翁无论如何摇摆总是不倒的。

延伸阅读

走钢丝的杂技演员，手持平衡棒也是为降低重心位置，达到平衡的目的。

那么，成功的走钢丝表演除了要降低重心外，还需要什么技巧呢？有“世界高空王子”之称的美籍加拿大人科克伦，于 1996 年 9 月 24 日晚，在毫无保护的情况下，手握 10 米长的金属杆，在一根横跨在上海浦东两幢大楼之间、高度为 110 米、长度为 196 米的钢丝上稳步向前走，18 分钟走完全程。如此危险的高空钢丝表演能够获得成功，除了表演者无与伦比的技巧和勇气之外，其理论依据是什么呢？我们从物理学的角度分析如下：高空走钢丝的人除了熟练掌握调整重心的技巧外，一般还常采取以下一些措施：①脚穿软底鞋；②手握一根较重的长杆（如金属杆）。脚穿软底鞋有两个作用：第一，增大脚的接触面积，提高稳度（一般而言，接触面越大，物体越稳定）；第二，增大鞋与钢丝之间的摩擦，防滑。手握较重的长

高空走钢丝表演

杆主要作用也有两个：第一，降低重心位置，提高稳度（物体的重心越低就越稳定）；第二，增大整体的惯性，惯性越大，稳定性就越高，运动员就越容易掌握重心的位置。上述措施充分利用了物理学原理，能帮助运动员顺利完成高空走钢丝的惊险表演。

大力张飞为什么连小小鸡蛋都捏不碎

你知道吗

提起《三国演义》，相信同学们都已经耳熟能详了，刘备、关羽、张飞等人物形象也早已深入人心。话说有一次，诸葛亮、刘备、关羽和张飞一起喝酒，席间，他们谈到天下何人力气最大。

突然，张飞站起来说："这些人都不算什么，要说力气最大，那当然是非我莫属啦！"

张飞

诸葛亮微微一笑，然后递给张飞一个鸡蛋，让他当众表演一下用一只手将这只鸡蛋捏碎。

张飞哈哈大笑，想：这不是羞辱我吗？于是把鸡蛋攥在手里就捏，可怎么捏也捏不碎。这时，诸葛亮接过鸡蛋，用两根手指一捏，咔嚓一声，鸡蛋碎了。从此，张飞再也不敢随便夸口了。

可是，那只鸡蛋怎么只认诸葛亮不认张飞呢？难道诸葛亮的力气真的比张飞大吗？

物理原理

鸡蛋

其实原理是这样的，张飞把鸡蛋攥在手心用力，这时鸡蛋的受力面为整个鸡蛋的表面，压力分布均匀，则鸡蛋单位面积上受到的压力（即压强）很小，故不易攥碎。而用两根手指捏鸡蛋，压力分布不均匀，鸡蛋的受力面积只有两根手指那么小，则用较小的力就能产生很大的压强，所以也就很容易把鸡蛋捏碎了。

任何物体能够承受的压强都有一定的限度，超过这个限度，物体就会被压坏。根据压强的定义式，改变压强有三种方法：①压力一定时，改变受力面积；②受力面积一定时，改变压力；③同时改变压力和受力面积。

延伸阅读

菜刀的刀刃为何那么薄？

几乎所有的家庭中用的菜刀都是很锋利的，有的人家把刀用钝了，还要请磨刀师傅把刀磨尖，难道钝的刀就不能切东西了吗？其实并不是钝刀不可以切东西，而是用钝刀切东西十分困难，既费力，又费时，这是为什么呢？

用菜刀切菜

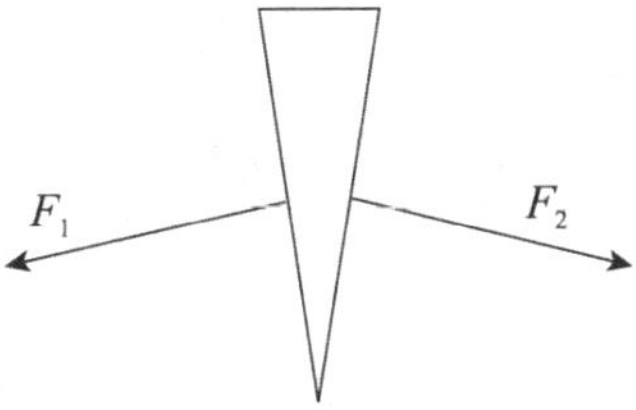

刀锋的受力分析

让我们来回想一下压强的相关内容。压强是单位面积上受到的压力，压强 $=\dfrac{\text{压力}}{\text{受力面积}}$。由此公式我们可以知道，压强和压力与接触面积有关，在施加的压力相等的情况下，刀越钝，也就是刀锋与物体的接触面积越大，压强就越小，想使压强变大，则就得增大所施加的力，所以就比较难切物体；而刀锋越利，刀锋就越薄（即其与物体的接触面积越小），压强就越大，那么物体就很容易被切断。

足球运动员如何踢出“香蕉球”

你知道吗

如果你是个足球迷的话，一定见过这种精彩的场面：近对方球门发直接任意球时，守方球员五六个人排成一字人墙，企图挡住攻入球门的路线，而攻方的主罚球员却不慌不忙，慢慢走上前去，把球放正位置，然后起脚一记猛射，只见球绕过人墙，眼看要偏离球门飞出界外，却又转过弯来直扑球门，守门员刚要起步扑球，却为时已晚，球早已应声入网了。

“香蕉球”射门

这就是颇为神奇的“香蕉球”。因为球运动的路线是弧形的，像香蕉的形状，因此得名。那么“香蕉球”是怎么被踢出来的呢？

物理原理

我们知道：当球在空中飞行时，不仅向前运动，还在不断旋转，这是由于空气具有一定的黏带性，因此当球转动时，空气就与球面发生摩擦，旋转着的球就带动周围的空气层一起转动。若球是沿水平方向向左运动，同时绕垂直纸面的轴做顺时针方向转动，则空气流相对于球来说，除了向右流动外，还被球旋转带动四周空气环流层随之做顺时针方向转动。这样在球上方的空气速度除了向右的平动外还有转动，两者方向一致；而在球的下方，平动速度（向右）与转动速度（向左）方向相反，因此其合速度小于球上方空气的合速度。

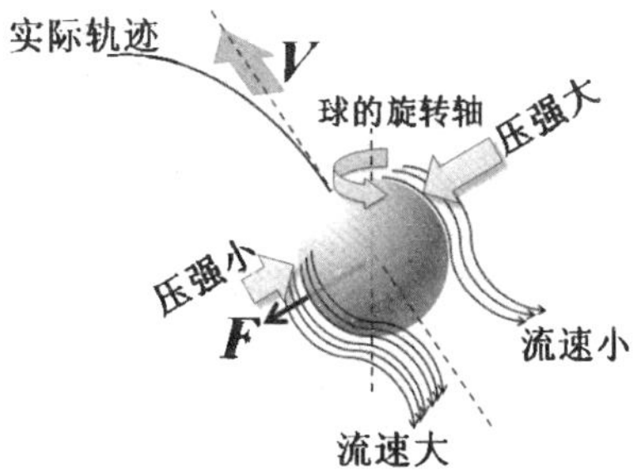

“香蕉球”的原理示意图

根据流体力学的伯努利定理，速度较大一侧的压强比速度较小一侧的压强小，所以球上方的压强小于球下方的压强。球所受空气压力的合力上下不等，总合力向上，若球旋转得相当快，使得空气对球的向上合力比球的重量还大，则球在前进过程中就受到一个竖直向上的合力，这样球在水平向左的运动过程中，将一面向前、一面向上地做曲线运动，球就向上转弯了。若要使球能左右转弯，只要使球绕垂直轴旋转就行了。看来关键是运动员触球的一刹那的脚法，即不但要使球向前，而且要使球急速旋转起来，不同的旋转方向，球的转向就不同，这需要运动员的刻苦训练，只有经过千锤百炼，才能练就一套娴熟的脚头功夫，达到炉火纯青的地步呢！

延伸阅读

说起“香蕉球”专家，不得不提及贝克汉姆和罗纳尔迪尼奥。贝克汉姆的右脚也许是全世界最昂贵的右脚，他擅长用内脚背主罚，使皮球以悦目的内旋弧线向对手的大门死角飞去。

贝克汉姆从小接受科班训练，一招一式看上去非常朴实正统。而为了让速度提高，他必须扭摆全身，让身体完全倾斜以增大皮球的内旋速度，因此通常给人以迅雷不及掩耳的感觉，从而才有

贝克汉姆的任意球独步天下

了我们常见的贝克汉姆任意球主罚姿势。门将总会纳闷为什么经常是准确判断了方向却仍然慢了半拍。科学数据告诉我们，贝克汉姆的每次任意球射门球速都在 110 千米/小时以上，现在人们将他的旋转、快速、落点准确的弧线球称为“贝氏弧度”，它在进攻上是简单却一击致命的有效武器。昔日任意球大师普拉蒂尼曾如此评价：“贝克汉姆肯定是欧洲最好的右脚任意球队员，如果不幸和他所效力的球队相遇，绝对不要在本方大禁区附近给他任何机会。”

经典回放：

2002 年世界杯预选赛，对希腊一战，最后一分钟，最激动人心的一脚，价值——1 亿元！

罗纳尔迪尼奥作为当今世界炙手可热的球星，任意球速度与弧线结合得异常完美，在格雷米奥，在巴黎，在巴塞罗那，人们习惯了他用一次次精准的半高球“羞辱”对方门将。加入红蓝军团的第一年他以 15 个进球帮助巴萨重回巅峰，并进而获得世界足球先生头衔。他在国家队的地位也直线上升，当年除非 35 米开外，不然小罗基本包办了禁区前沿的所有定位球，其脚头之精准也得到各方好评。更可怕的是巴西天王罚任意球往往不用助跑，以小腿发力就能完成所有工序，让对方门将无从判断球路。在那场世纪大战中虽然球队落败，但小罗罚出的绕过人墙的任意球让西甲头号门神卡西利亚斯根本来不及反应。

罗纳尔迪尼奥

经典回放：

2004 年巴塞罗那主场与皇家社会一战，直到第 90 分钟巴萨还以 0:1 落后，小罗自己博得了一个禁区前任意球，距离有点近，但巴西人射出的任意球依然直奔左下死角。整个诺坎普疯狂了，既为在积分榜上超越老对头皇马，也为他们新国王的降临而抑制不住内心倾泻而出的激动。

为什么水槽的下水管常被做成弯曲的

你知道吗

善于观察生活的同学一定会发现水槽下方的下水管大都被做成如右图一样的弯曲形状，再通入水道，你知道这是为什么吗？如果无缘无故将它做成弯曲的，那么岂不是很浪费材料？也没有必要吧？将它做成直的，不是更不易堵、让流水更通畅吗？

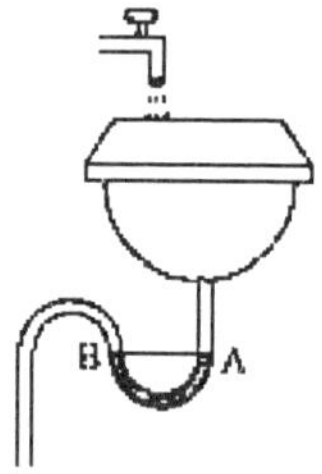

水槽下水管的示意图

物理原理

原来下水道真的是有它弯曲的道理，这是利用了连通器的原理。下水管被做成弯曲形状，就制成了一个连通器。液体不流动的情况下，连通器的液面总保持相平，当上面的水管不使用时，没有水流入下水管中，弯曲水管中的 A、B 管水平面相平，这样可以阻止下水道里污水的臭气上升；而当上面的水管使用时，水流入下水管内，由于 A 管液面升高，A、B 液面不平，产生压强差，从而使水开始流动，脏水流走。

延伸阅读

“大船爬楼梯，小船坐电梯”也是利用的连通器的原理。

那么让我们来看一看船舶是如何翻越 40 层楼房高度的三峡大

坝的吧。

大船穿越大坝

三峡大坝蓄水后，上下游水位落差高达几十米，从坝下 60 多米的水面，要上升到坝上 135 米的江面，船舶到底如何行走？

双线五级船闸分南北两线独立布置，相当于陆路上的双车道。船上下大坝分开通行，每条线上有 5 个闸室，总长约 6442 米。比如，船从坝下往坝上行船时，先进入五闸室，入口处的闸门关闭后，船闸自动充水，将停泊在闸室内的船舶往上抬升，待该闸室内的水位与四闸室平行时，打开闸门，船就好像爬过一层阶梯，轻松驶入上一级闸室。如此反复，直至进入高峡平湖。如船舶是从上游往下游走，过程

三峡大坝

正好相反。

雨衣上的物理学

你知道吗

动画片《海尔兄弟》的主题曲相信大家都很熟悉吧："打雷会下雨，雷欧，下雨要打伞，雷欧……"没错，下雨天，外出的人们不是打伞，就是穿雨衣。可是你有没有想过，同样是用布做成的伞和雨衣为什么能防雨而不透水呢？

《海尔兄弟》的海报

物理原理

雨衣为什么不透水呢？奥妙就在制作材料上。就拿布制雨衣来说吧，它是用防雨布（经过防水剂处理的普通棉布）制成的。防水剂是一种含有铝盐的石蜡乳化浆。石蜡乳化以后，变成细小的粒子，均匀地分布在棉布的纤维上。石蜡和水是合不来的，水碰见石蜡，就形成椭圆形水珠，在石蜡上面滚来滚去，可见，是石蜡起了防雨的作用。物理学上把这种不透水的现象称为“不浸润现象”。而水一旦遇到普通棉布，就通过纤维间的毛细管渗透进去的现象，就叫做“浸润现象”。

雨衣和雨伞
是常见的生活用品

物体是由分子组成的。同一种物质的分子之间的相互作用力，叫做内聚力；而不同物质的分子之间的相互作用力，叫做附着力。在内聚力小于附着力的情况下，就会产生“浸润现象”；反之，则会出现“不浸润现象”。雨衣不透水，正是由于水的内聚力大于水对雨衣的附着力。

物理学还告诉我们：水的内聚力作用在水表面形成表面张力。水的表面张力使水面形成一层弹性薄膜，当水和其他物体接触时，只要水对它不浸润，那么这层弹性膜就是完好的，可以把水紧紧地包裹着。有人试验过：巧妙地把水倒进浸过蜡的金属筛里，水并没有从筛眼里漏下去。

延伸阅读

常见的玻璃看起来光滑晶亮。可是，水遇上它，却紧紧地缠住不放，带来了种种麻烦。下雨的时候，车前窗玻璃上的雨水挡住了司机的视线，很不安全，于是只好开动划水器，把雨水排去；戴眼镜的人，在喝热水的时候，镜片立即蒙上一层雾气，挡住了视线，什么东西也看不见了。

人们知道了水的表面张力的特性，了解了水的内聚力与附着力的关系以后，不仅巧妙地制成了雨衣，还造出了新颖的“憎”水玻璃——在普通玻璃上涂一层硅有机化合物药膜，它大大削弱了雾气对玻璃的附着力。用这种“憎”水玻璃做镜片，为戴眼镜的人解除了蒙雾的苦恼；把这种玻璃安在车的前窗上，划水器也就用不着了。现在你应该明白篷布、布伞不漏雨的道理了吧！

拔河比赛比的是力气的大小吗

你知道吗

学校又要组织拔河比赛了，班委都在鼓励我们班的大力士们参加呢：“力气大的这次一定要发挥实力为班级争光啊！”可是坐在角落的小明苦思不得其解，拔河比赛比的是什么？对于这个问题，很多人会说：“当然是比哪一队的力气大喽！”真是那么简单吗？

物理原理

根据牛顿第三定律，即当物体甲给物体乙一个作用力时，物体乙必然同时给物体甲一个反作用力（作用力与反作用力大小相等，方向相反，且在同一直线上）。对于拔河的两个队，甲对乙施加了多大拉力，乙对甲也同时产生一样大小的拉力。可见，双方之间的拉力并不是决定胜负的因素。

对拔河的两队进行受力分析就可以知道，只要所受的拉力小于与地面的最大静摩擦力，就不会被拉动。因此，增大与地面的摩擦力就成了胜负的关键。首先，穿上鞋底有凹凸花纹的鞋子，能够增大摩擦系数，使摩擦力增大；队员的体重越重，对地面的压力越大，摩擦力也会增大。大人和小孩拔河时，大人很容易获胜，关键就是由于大人的体重比小孩大。

拔河比赛

另外，在拔河比赛中，胜负在很大程度上还取决于人们的技巧。比如，脚使劲蹬地，在短时间内可以对地面产生超过自己体重的压力。再如，人向后仰，借助对方的拉力来增大对地面的压力，等等。其目的都是尽量增大地面对脚底的摩擦力，以夺取比赛的胜利。

延伸阅读

让我们再看一个小故事来加深对作用力和反作用力的理解，并且了解下它在生活中广泛的应用吧！

有这么一个小故事：森林里，灰狼和黑熊进行一场比赛，看谁能把自己举起来。黑熊想当然是自己了，自己的力气要比灰狼大很多。但结果却是灰狼胜利了。黑熊只是想到了用力两个字，可是他本身的重量根本不能使他双脚离开地面。而灰狼借助工具，用一根粗绳把自己绑好，然后将绳子甩到一个大树杈上，自己用力向下拉绳子的另一头，身体就慢慢离开地面了。

黑熊

在我们生活中也是一样，例如：上面讲到的拔河比赛；运动员在跳高时总要用力蹬地面，他才能向上弹起；农田灌溉用自动喷水器，当水从弯管的喷嘴里喷射出来时，弯管会自动转动；软体动物乌贼在水中经过体侧的孔将水吸入鳃腔，然后用力把水挤出体外；腰椎间盘突出症的牵引疗法是应用力学中作用力与反作用力之间的关系通过特殊的牵引装置进行治疗；汽车的启动中发动机的动力经传动系统传到车轮后，车轮在触地点就给大地一个作用力，同时大地也给车轮一个反作用力，汽车就是在这个反作用力的推动下动起来的，和人走路是一个道理，这类问题都需要用到物理学的原理！

运动员推铅球为何要滑步

你知道吗

在田径运动会上，投掷手榴弹和标枪的运动员大都是用助跑的方法，在快速奔跑中把投掷物投掷出去。这样是为了使投掷物在出手以前就有较快的运动速度，再加上运动员有力的投掷动作，投掷物就能飞得更远。当投铅球的运动员被限制在一个圈里不能助跑时，他们都有一个奇特的动作，那就是滑步，难道这也是技巧？该怎么解释呢？

滑步推铅球

物理原理

推铅球时，运动员被限制在固定半径的投掷圈内，根本无法通过助跑来提高铅球的初速度。如果站在那儿不动，把处于静止状态的铅球投掷出去，那是投掷不远的。在物理学中我们学过动量定理：

$$F\Delta t = m\Delta v$$

由此可知，要使铅球在出手前就有较快的运动速度，必须增加给铅球施加作用力的时间（在作用力不变的情况下）。所以，铅球运动员大都是采用背向滑步的方法：先把上身扭转过来，背向投掷方向，然后摆腿、滑步、前冲，再用力推出铅球。通过这一系列的动作，使铅球在推出前就已具有较快的运动速度。对于优秀的运动员来说，滑步推铅球比原地推铅球可增加约 2 米的成绩。

延伸阅读

铅球是田径运动投掷项目之一，这项运动已有数百年的历史。1340 年前后欧洲出现了炮兵，由于炮兵们经常用相当于炮弹重量的石头进行掷远的比赛，投掷石头就逐渐成为一项运动，后来人们将石头改为金属球，并沿用 16 磅（相当于 7.257 千克）的重量作为男子比赛的规定重量。1896 年在第 1 届奥林匹克运动会上把推铅球列为男子比赛项目。从 1948 年第 14 届奥运会开始，又增加了女子推铅球的比赛，铅球的重量为 4 千克。

滑步推铅球的动作分解

起初，推铅球是在一条直线后进行，可采用任意的方式和动作。后来，对场地有了限制，规定在一个四方形场地内投掷。现在规定在直径为 2.135 米的圆圈内，用单手将铅球由肩上推出，铅球必须落在 40°角的扇形区域内。根据力学原理分析，推铅球的远度是由铅球的出手初速度、出手角度和出手高度三个因素决定的。

20 世纪 50 年代以前，人们曾采用侧向滑步推铅球的技术。这种技术由于不能更好地发挥速度已被淘汰。现在除背向推铅球外，在国际比赛中还出现了旋转推铅球的技术。此外，还有背向滑步的短滑步推铅球技术。推铅球运动员今后将进一步完善各个技术环节，提高其实效性和整体性，同时也会更加重视自身身体素质的全面发展，特别是力量和速度素质的发展。

肥皂泡中的秘密

你知道吗

经常看到小朋友玩吹肥皂泡的游戏，有的用嘴巴吹，有的用泡泡枪打，一串串肥皂泡在阳光下飞舞，五颜六色。为什么肥皂泡都是球形，而不是方形？又是谁给它们画上了美丽的图案呢？

物理原理

原来是一种叫“表面张力”的力在作怪！我们都知道，水是由许多水分子组成的，每个水分子由一个氧原子和两个氢原子组成。每个氢原子带一个正电荷，每个氧原子带两个负电荷。相邻水分子之间的正、负电荷端相互吸引，就形成了表面张力。而自来水中的水分子间的吸引力很强，吹气形成的水泡薄膜在这么强大的力量下很快破裂，在空气中无法形成泡泡。加入洗洁精或洗衣粉后情况就不一样了，水分子散开，吸引力减弱，吹入空气就形成了肥皂泡。大家都知道，在相等体积的情况下，球体的表面积是最小的。对于肥皂泡而言，由于表面张力的存在，肥皂泡的薄膜会尽可能收缩到最小，直到里面的空气被压得不能再小为止。所以，肥皂泡都是滚圆滚圆的。

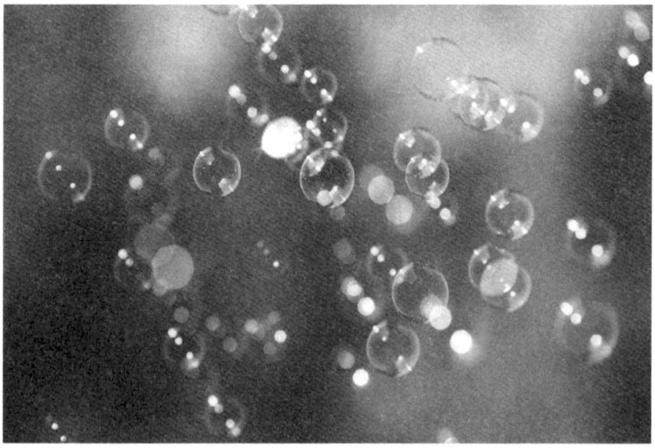

肥皂泡

那肥皂泡上花花绿绿的图案又是怎样形成的呢？这是因为白色是由红、橙、黄、绿、青、蓝、紫七种颜色的光组成的。当白光照射肥皂泡时，由于肥皂泡非常薄，并且是透明的，白光被分离成组成它的各种色光，有的红，有的绿，有的蓝……用带静电的梳子靠近肥皂泡时，肥皂泡被吸引离开吸管。这说明肥皂泡很轻并且容易带上静电，这一点与塑料棒吸引小纸片的原理是一样的。

延伸阅读

科学家真是厉害，利用小小的肥皂泡现象就能破解宇宙黑洞秘密，太不可思议了。两位物理学家给肥皂泡施加外力，但是使肥皂泡膜保持一种表面张力，在这种情况下肥皂泡能够展现多样化的自然现象。目前只能对这一系列现象进行研究计算。研究人员把这种薄膜理论应用于黑洞系列的研究中。

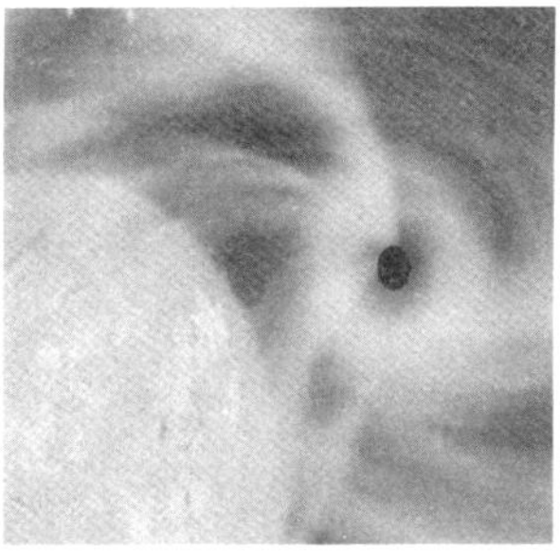
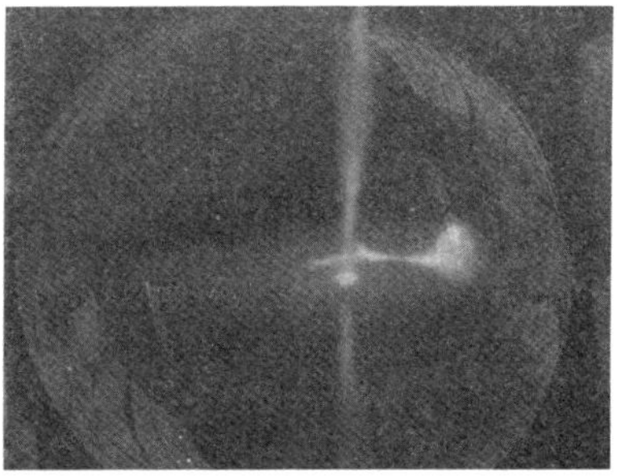

小小的肥皂泡现象中竟隐藏着黑洞理论

在宇宙中，一个黑洞是由一个巨大星体燃烧产生的大部分氢气自行坍塌形成的，大部分都位于星系的中心。科学家们认为黑洞能够吸引越来越多的宇宙物质，变得越来越大，并同时产生雾化。科学家 Vitor Cardoso 指出："肥皂泡就像是一个了解黑洞的良好工具。"

跳高时为何要助跑

你知道吗

在体育比赛中，跳远的运动员选择较长的助跑距离，而跳高运动员的助跑距离则要短得多。如果选择较长的助跑距离，是否就跳不高呢？

物理原理

跨越式跳高

跳高运动员能腾起越过横杆，靠的是助跑的惯性和起跳蹬地的支撑反作用力。由于惯性的方向是水平向前的，而支撑反作用力的方向是垂直（或近似垂直）向上的，所以起跳后身体的重心沿着一个抛物线轨迹运动。这个抛物线轨迹的高度，取决于起跳时腾起初速度和腾起角度的大小，也就是说，腾起初速度和腾起角度是增加跳高高度的关键。一般来说，应该尽可能增大这两项数值。最大腾起角度为90度，然而，由于跳高不是单纯的垂直向上运动，越过横杆还必须有一个向前的力量；再则，还须充分利用水平速度来增大腾起初速度，因此，腾起角度应小于90度。至于腾起初速度，则和运动员的身体素质和技术的熟练程度密切相关。当腾起角度一定时，腾起初速度是起决定作用的，腾起初速度越大，跳得就越高。

延伸阅读

跳高的技术总结必然来源于长久的经验积累，那么，跳高是从何而来的呢？跳高起源于古代人类在生活和劳动中越过垂直障碍的活动。现代跳高始于欧洲。18 世纪末苏格兰已有跳高比赛，19 世纪 60 年代开始流行于欧美国家。跳高有跨越式、剪式、俯卧式、背越式等技术。跳高横杆可用玻璃纤维、金属或其他适宜材料制成，长 3.98 ~4.02 米，最大重量 2 千克。比赛时，运动员必须用单脚起跳，可以在规定的任一起跳高度上试跳，但第一高度只有 3 次试跳机会。男、女跳高分别于 1896 年、1928 年被列为奥运会比赛项目。

剪式跳高起源于美国。19 世纪末，美国东部州运动员创造并采用了这一跳高姿势，故曾被称为“东方式”，又因跳高时身体各部分成波浪形状依次越过横杆，因此也有“波浪式”之称。滚式跳高也源于美国。20 世纪初，美国西部州运动员创造并采用滚式跳高，因跳高时运动员形似滚过横杆而得名，又因美国运动员霍拉英首用此式创造 2.01 米的世界纪录，因而又称“霍拉英式”。俯卧式跳高起源于 20 世纪 20 年代，20 世纪 40 年代时已被

背越式跳高

普遍采用。现在最流行的是背越式跳高，而其他几种跳高方式在大赛中已几乎绝迹。

真假皇冠

你知道吗

相传叙拉古国王让工匠替他做了一顶纯金的王冠，做好后，国王疑心工匠在金冠中掺了假，但这顶金冠确与当初交给金匠的纯金一样重，到底工匠有没有捣鬼呢？既想检验真假，又不能破坏王冠，这个问题不仅难倒了国王，也使大臣们面面相觑。

物理原理

后来，国王请阿基米德来检验。最初，阿基米德也是冥思苦想而不得要领。一天，他去澡堂洗澡，当他坐进澡盆里时，看到水往外溢，同时感到身体被轻轻托起。他突然悟到可以用测定固体在水中排水量的办法，来确定金冠的比重。他兴奋地跳出澡盆，连衣服都顾不得跑了出去，大声喊着“尤里卡！尤里卡！”（意思是“我知道了”）。

他经过了进一步的实验后来到王宫。他把王冠和同等重量的纯金放在盛满水的两个盆里，比较两盆溢出来的水，发现放王冠的盆里溢出来的水比另一盆多。这就说明王冠的体积比相同重量的纯金的体积大，所以证明了王冠里掺进了其他金属。

这次试验的意义远远大过查出金匠欺骗国王。阿基米德从中发现了浮力定律：物体在液体中所获得的浮力，等于它所排出液体的重量。后来，该定律就被命名为阿基米德定律。一直到现代，人们还在利用这个原理计算物体比重和测定船舶载重量。

延伸阅读

那现在我们是怎么应用阿基米德定律解决实际生活中的问题的呢？现在随着货轮和游轮的广泛使用，事故也相应增多，那么我们打捞沉船也成为一项艰巨的任务。我们来看看宋朝的怀丙和尚是怎么把被河沙冲走并淹没的上万斤的铁牛给捞上来的。利用浮力，先在船上放泥沙，越多越好（当然不能让船沉了），然后把绳子一头拴在船上，另一头拴在要打捞的铁牛上，把泥沙从船里抛出去，船质量减轻，由于水的浮力作用上浮，自然把铁牛捞起

怀丙和尚

来了！现代打捞沉船，有一种叫做“浮筒打捞法”，即把一组浮筒拖到沉船的作业区，将它们灌满水并沉到水底，然后由潜水员下水，用钢缆把浮筒与沉船拴住。接着开动打捞船上的压气机，把空气压进这组浮筒，这组浮筒就会带着沉船一起浮到水面。想想看，这是不是同样应用了阿基米德定律呢？

神奇的“快皮”

你知道吗

2004 年，当澳大利亚的游泳健将索普和他的队友们穿着黑色连体紧身泳装，在泳池中宛如碧波蛟龙，夺得一块又一块金牌时，所有人都对他们身上的那件神奇的泳衣产生了兴趣。他们身上穿的正是世界泳衣技术革新的最新成果——“快皮”仿鲨鱼皮泳衣。

为什么一件泳衣就可以产生这么大的效果？它具有什么样的原理、特点？它是如何产生的？又是如何发展的？

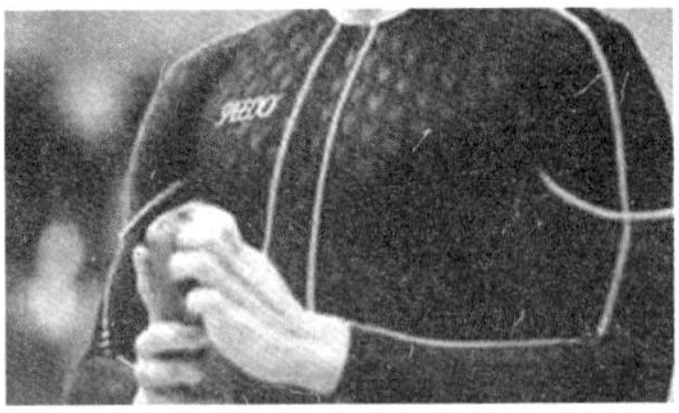
仿鲨鱼皮泳衣

物理原理

这种游泳服按照激光测量的运动员身体数据进行三维设计，用不亲水的特氟纶纤维精制而成，将运动员从脖颈到手腕、脚踝包个严实。它的精华是，仿照鲨鱼皮肤真实的结构，在游泳服表面排列了百万个细小的棘齿。当水分子沿着这些棘齿流过时，会产生无数微型的涡流，使得“边界层”的分离点推后，从而延迟和弱化尾涡的形成。这是一笔合算的交易，增加小额的摩擦力，就能减少大额的压差阻力。表面光滑的高尔夫球一杆只能打出几十米，而布满500来个圆形或六边形小坑的“麻脸”高尔夫球却可以打到200米开外。这种游泳服上的小棘齿正是起着“麻子”的作用。

延伸阅读

那么，从游泳技巧上来说，还有什么物理知识呢？一起来看看吧。

游泳运动员获得推进力后，必须在水中冲破“三大阻力”。其中第一便是“压差阻力”。水的密度是空气的773倍，黏滞性是空气的55倍。运动员把不可压缩的水“挤”开后从中间穿越，水便绕着人体流向身后并产生旋涡，形成前后的压力差。身体纵轴越长，越接近流线型，迎水截面积越小，压差阻力就越小。这就是为什么优秀的游泳运动员都有修长的体形，前进中尽量保持身体与水面平行，自由泳和仰泳要滚动身体、防止侧摆，蛙泳要减少还原动作的幅度。有经验的教练员说：“要想象自己是游在一根管子中。”

因为人既不能像鱼类那样游在水下，又不能像鸭子一样浮在水上。所以，我们游动在水和空气的界面，便不得不耗掉一部分体能去激起重重波浪。运动员在这种弓形波浪中游泳，如同“举着”一定重量的水前进，这便是位居第二的“波浪阻力”。留心

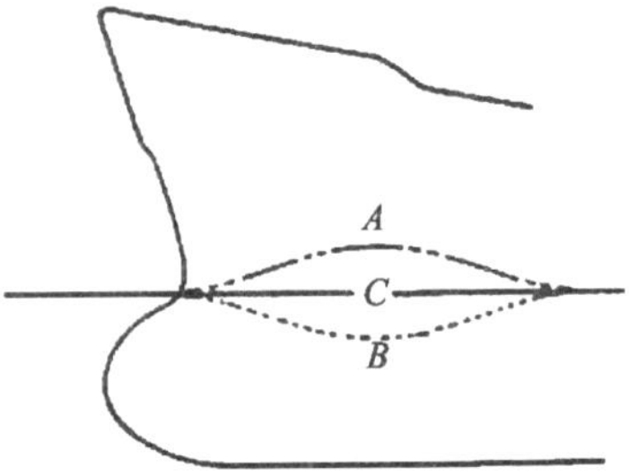

反向波浪 A 和 B 互相抵消

观察一下轮船头部，吃水线以下做成球状便是为了产生反相波，和船身激起的波浪相抵消，从而减少波浪阻力。游泳池里分隔泳道的小转轮也是为了消除相邻选手间的波浪干扰。潜水式蛙泳之所以速度更快，是因为运动员一个“猛子”扎在水底躲过了波浪阻力，所以才被认为有违公平并不利于观赏而遭取消。不过今天奥运会的蛙泳比赛仍允许出发和转身时潜水蹬划一次，成了潜水蛙泳仅存的遗迹和运动员决不会错过的加速时机。

“摩擦阻力”是游泳运动的第三个束缚。由于水具有黏滞性，游泳时附着在身体表面的水分子便会依次带动相邻层面的水分子前进，这个“边界层”中水分子的内摩擦产生“摩擦阻力”。游泳运动员中盛行“刮体毛”就是因为摩擦阻力和身体表面积及粗糙度成正比。

游泳时的三大阻力并非一成不变，随着速度增加，摩擦阻力按线性增加、压差阻力按平方增加、波浪阻力按立方增加，但由于主导部分始终是压差阻力，因此总阻力基本和速度的平方成正比。不过千万别以为水的阻力越小越好，如果抱水、抓水、划水、蹬水、打水的时候没有阻力，就会两手扑空、两腿打滑而失去一切动力。简单的诀窍是，凡推进身体向前的“有效动作”都要充分利用阻力，凡阻碍身体向前的“无效动作”都要尽量消除阻力。自由泳之所以最快，是因为有身体平直、速度均匀、S 型划水、空中移臂等优势。蛙泳之所以最慢则是因为体态相对倾斜、速度忽快忽慢、收腿伸臂等还原动作必须在水中完成。不过蛙泳从来都是最普及和最具实用性的游泳姿势。

不同身体姿势的阻力值

身体姿势	牵引速度（米/秒）	阻力值（千克）
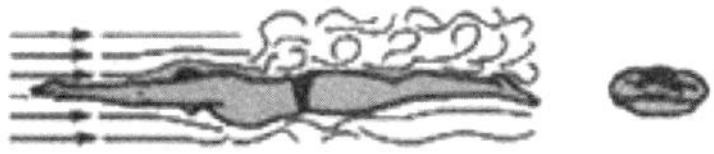 与水面呈 0°夹角	2	12.8
 与水面呈 5°夹角	2	13.4
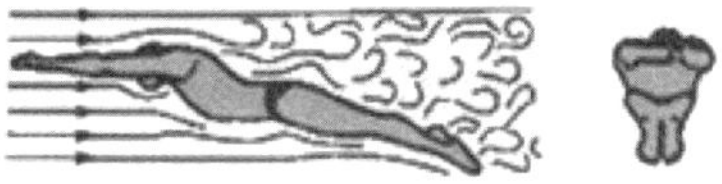 与水面呈 18°夹角	2	19.2
 与水面呈 5°夹角	2	24.0

形影不离的电和磁

“飞鸽传书”的秘密

你知道吗

在古装电视剧上我们经常看到侠客或亲友间“飞鸽传书”以诉衷肠或者传递消息。“飞鸽传书”是一种古老的传递信息的方式，其速度之快、方位之准，令人叹为观止。那么，鸽子历经长途跋涉，是怎样辨别方向的呢？到底有没有信鸽这一回事呢？

信鸽

物理原理

研究表明，确有此事。地球是一块巨大的磁体，能够产生影响范围很大的磁场。科学家发现在鸽子颅骨下方的前脑中具有长约0.1微米的针状磁铁，它能够感受到地磁场及其方向，因而，不管遇到的是高山峻岭，还是险恶天气，鸽子都能顺利返巢。同时，有实验表明，当给鸽子的头上加上一块具有特定极性的人工磁铁后，鸽子不能对飞行进行正确的定向；每当太阳质子活动剧烈时，地球磁场受到干扰，鸽子的返巢率也随之大大降低。这无疑说明，鸽子是根据地球磁场来为自己的飞行定向的。类似的动物还有蜜蜂，养蜂人将成箱的蜂群放飞，让它们去采蜜，它们一般都能顺利返回。

延伸阅读

鸽子、蜜蜂可以利用太阳的磁场来辨别方向，那么，人们开始研究的未来飞船，是不是也有望利用太阳的磁场来飞行呢？

根据美国宇航局先进概念研究所支持的一项计划，未来的宇宙飞船可能在地球和其他星球的磁场中上演“冲浪”壮举，并沿着太阳系周围先前不曾涉足的路线进行探索。这种充电式飞船不需要火箭或其他任何类型的推进装置。

位于纽约伊萨卡的康乃尔大学的梅森·派克（Mason Peck）已获得任命，对这一超前的想法进行研究。让飞船“冲浪”的想法立足于磁场对带电物体施加力的作用这种现象。派克表示，

人造卫星

一颗卫星能够在1天之内自行完成充电，它或者通过向太空发射带电粒子束，或者仅靠允许一个放射性同位素放射带电粒子的方式就能完成这一过程。充电后的卫星会被地球旋转磁场“温柔”地推动，从而具备改变轨道，甚至“逃往”行星际空间的能力。

派克说，他设计的飞船在到达轨道之后将有一个缓慢的启动过程，大约需要1年时间才能摆脱地球引力的控制。然而一旦远离地球，这个磁场“冲浪者”便将朝着它天然的家园——木星进发，因为木星所拥有的磁场在强度上要远远超过我们的地球。

根据派克的建议，未来的木星任务应该是将木星的磁场作为一个制动器，以减少所需的推进力，进而节省资金。除了可以充当制动器外，木星也可以被用作飞船在太阳系“休息”时的一个补给站。从理论上说，一艘飞船能够利用这个行星中的“大块头”的磁场进行急转弯，而不是单纯地依靠磁场产生的“引力弹弓”。真是不得不惊叹人类的智慧和大自然的奇妙啊！

隐形飞机如何“看不见”

你知道吗

隐身——我们似乎并不感到陌生，在很多神话和传说中，人类都流露了自己隐身的梦想。很早以前人们一直都在想把自己隐藏起来，让敌人暴露在自己的目光下。随着科学技术的发展，虽然“隐身草”、“土遁术”的神话不可能成为现实，但潜水技术、伪装技术、隐形技术等在军事上的运用，的确大大降低了被作战对方发现的概率，隐形飞机就是其中的典型代表。

物理原理

出现得最早的隐身——迷彩是一种光学隐身。在视觉上我们很难分清原来的形状，如飞机背上涂迷彩的草绿色，很容易跟草地的颜色混淆；而机腹涂成天蓝色，跟天空的颜色一致，这样无论它在地上还是天上，都很难被看清楚。

迷彩的确可以迷惑敌人的眼睛，但是雷达一出现，它就失去了作用。雷达发射的电磁波像水纹一样遇到障碍物会被反射，反射回来的电磁波会在接收仪器上显示为一个光点，称为雷达反射截面，战场上可以根据雷达反射截面的大小来发现并推测目标大小。B－2 隐形轰炸机就是通过缩小自己的雷达反射截面来实现隐身的。它的雷达反射截面是目前世界上各种飞机里最小的，大概只有 0.01 平方米，相当于一只水鸟的雷达反射截面，这是很惊人的。就是说，当 B－2 从头顶飞过，监视雷达的人在雷达的接收仪器上看到了光点，会认为它是一只鸟，而且远距离时可能什么都没看见。要缩小雷达反射截面，就要设计多棱折面的外形。如第一代隐形飞机 F－117就是最好的例子。它有一个奇怪的外形——多棱折面。当雷达波到达折面后，会向其他方向反射。利用折面的设计，实现对雷达波的反射，达到隐形的目的。

伪装的军舰

第二代隐形飞机，比如B－2，它就不采用这种方式，整个机体是由曲面组成的。为了减少雷达波的反射，B－2 上面涂了一种能够产生等离子体的涂料。在飞行中，该涂料使周围的空气电离，形成一层带电薄膜（物理上把这层膜叫等离子体鞘）蒙在飞机的周围，使射来的雷达波被散射或者被吸收。由于此涂料是靠它的辐射来产生电离，因而对人体有害，一般用在无人机上。这是一种利用或者人为地制造等离子体的隐身技术。有人驾驶的 B－2 上的人造等离子体是用高压、高温产生的。它的机翼前缘加有高电压，尾喷流里面加有负离子，因而它的机翼前缘到机翼后缘之间能产生几十万伏甚至是上千万伏的电位差，使机翼的表面气流电离，产生等离子体。

B－2 隐形轰炸机

此时飞机已经不是在空气里飞行，而是在等离子体里飞行。等离子体的密度和空气的密度是不一样的，它的升力、阻力都会发生很大变化，如果设计得好，它的机动性能可以有较大幅度的改善。

雷达技术的应用，使人类视觉大大延伸。为了与之抗衡，隐形技术也逐步发展，隐形的方法五花八门，但它们的原理基本上是相同的，即尽量用各种方法避开敌人的视线。

延伸阅读

我们给大家介绍一下目前正在研制和开始装备的有代表性的F－22 战斗机雷达。

人们常常问：什么是第四代战斗机 F－22 令人印象最深的特性？它在什么领域具有最重要的技术突破？通常的回答是它的隐身和超音速巡航特性。但这些特性实际上在以前的战斗机 F－117 和 SR－71 上已经实现了，谈不上突破。业内人士和 F－22 的飞行员们则普遍认为F－22最大的突破是它的航空电子系统实现了更高程度的综合，AESA 雷达首次在战斗机上采用。它使飞机具有更为锐利的眼睛、更为丰富的作战功能。对战斗机目标的作用距离超过 200 千米，可以实现“先敌发现、先敌发射、先敌命中”。

F－22 歼击机

F－22 的雷达可以进行脉间变频、快速扫描，敌方很难检测和定位，同时还可以用时分的方法进行电子情报搜集、实施干扰、监视或通信。这些是以前的战斗机雷达所无法实现的。

F－22 的雷达采用 AESA 体制，它由美国诺·格公司

（Northrop Grumman Corp）和雷神公司（Raytheon Systems Company）共同研制。目前F－22是世界最先进的战斗机。F－22能在多种危险环境下，以低可观测性、高机动性和高灵活性对超视距敌机进行攻击，也能进行近距格斗空战。1998年4月，诺·格公司已交付第一套APG－77雷达硬件和软件给波音飞机公司F－22航空电子综合实验室，对F－22的航空电子设备进行系统综合测试和鉴定试验。作为APG－77计划的工程发展（EMD）阶段的首批11部雷达已交付给诺·格公司马里兰州测试实验室进行系统级综合与测试。全尺寸雷达自1999年开始生产，2004年11月具备初步作战能力（IOC），2005年开始服役。AN/APG－77雷达是一部典型的多功能和多工作方式的雷达，其主要的功能如下：

- 远距搜索。
- 远距提示区搜索。
- 全向中距搜索（速度距离搜索）。
- 单目标和多目标跟踪。
- AMRAAM数传方式（向先进中距空空导弹发送制导修正指令）。
- 目标识别。
- 群目标分离（入侵判断）。
- 气象探测。

神奇的葫芦

你知道吗

五一黄金周，小明一家人去旅游。汽车从温州往苏州开进，一路上都是平原，平原上建着星星点点的房子，大多三四层，很多风格，最简单的就是什么格调都没有的格子式房子，也就是最朴实的民居。印象最深的是一种仿欧式的房子，虽然也都是民居，不过，房顶被做成葫芦形，很有点古罗马的味道，有点滑稽，可正是这引发了小明的好奇心：这些建筑物上的葫芦顶是做什么用的呢？

各式各样的葫芦顶

物理原理

原来这好看的葫芦顶是用来避雷的，有点类似于避雷针。避雷针的作用并不是阻挡雷电，而是沿着安全的路径使云层里的电荷和地面的电荷中和，从而保护建筑物免受雷电的袭击。

根据静电学的原理，带电导体表面上较尖的地方，电荷密度会比其他地方高，所以避雷针的尖端与其他地方相比，集合了更多的正电荷。引导云层中的负电荷沿着避雷针频繁地往地面放电，以免云层中的负电荷积累太多，一次性过多地放电会形成具有巨大破坏力的雷电，击中地面上聚集了较多正电荷的建筑物。

但是，请注意，避雷针是不可能百分之百保护建筑物的，大家现在基本也都熟悉了，实际上避雷针本身就是一个引雷针，它是由接闪器、引下线和接地体组成的。把避雷针装到建筑物上，由于它比建筑物本身高一些，所以雷电会首先打到避雷针上，这时避雷针本身就提供了一个闪电的通道，通过引下线跟大地相连的导体，把雷电的大电流引到大地中去，或者说是它通过牺牲自己，保护了周围的环境。避雷针的高度要根据被保护的建筑物的高度和范围来确定。

另外，因为引下线本身就是一个雷电的通道，所以强大的电流经过引下线，还会产生强烈的电磁辐射，这种电磁辐射对建筑物内的电子设备还是会产生影响的，不是说装了避雷针，这个建筑物里面就安全了，对于一些电子设备还要安装浪涌保护器，以防感应雷害的发生。另外，避雷针也不可能百分之百保护建筑物本身，雷电绕过避雷针而打到建筑物上的绕击现象也可能发生，只是说打到避雷针的概率大一些，击中建筑的概率小一点。

延伸阅读

那么遭遇雷电天气的时候，我们使用移动通讯设备会不会有

装有避雷针的屋顶

危险呢？从科学角度来讲，对于以手机为代表的移动通讯设备是否会引雷，目前还没有太多的证据支持这个说法，起码没有太直接的证据证实这一点。不过因为它本身是一种电子设备，在打雷的时候，很有可能会遭到损坏，所以雷雨天气时还是要尽量避免使用手机。

当我们在野外很空旷的地方遭遇雷电时，汽车是不是一个最好的避雷场所呢？不错，在没有其他地方可躲避的时候，汽车确实是一个比较好的场所，因为汽车本身就是一个金属壳体，相当于一个屏蔽室，即便雷打到汽车上，电流也会沿着汽车壳体表面流动并将电流释放到地面，汽车里面是相对安全的。

金属网里会失去联系吗

你知道吗

取一个封闭的金属网罩（网格要小些，如铁砂网），将手机挂入内部，然后用另外一部手机去打，听到的声音是“对不起，您拨的电话暂时无法接通，请稍后再拨”，马上从金属网中拿出再拨就可以接通了，这说明什么呢？说明金属网套里没有信号，可是为什么会这样呢？

物理原理

这就是我们物理课上讲到的神奇的电磁屏蔽。防止或者减少电磁波侵入空间某些部位的措施，通常的办法是用金属网或者金属壳将产生电磁波的区域与需防止侵入的区域隔开。例如某些仪器或仪表常被安装在金属箱中，又如高电压实验室的墙壁内及室顶中常埋设有金属的屏蔽网，以防止或减少它所受到的干扰及它对其余区域的干扰。

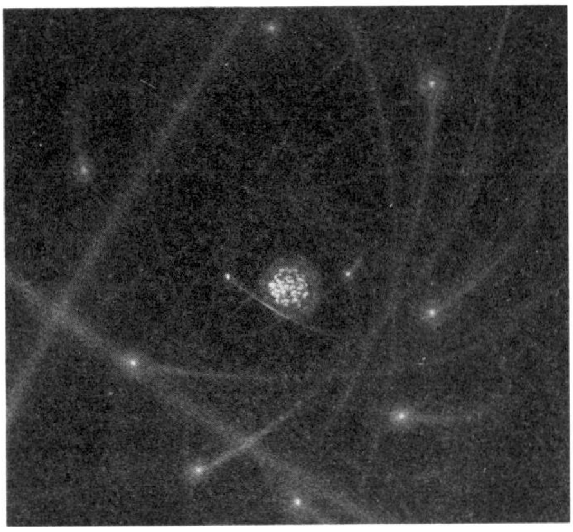

看不见的电磁

人们常选择有较高的电导率和磁导率的导体作为屏蔽物的材料，因为高导电性材料在电磁波的作用下将产生较大的感应电流，这些电流按照楞次定律将削弱电磁波的透入。采用的金属网孔愈密，甚至采用整体的金属壳，屏蔽的效果愈好，但所费材料愈多。高导磁性的材料可以引导磁力线较多地通过这些材料，而减少被屏蔽区域中的磁力线。屏蔽物通常是接地的，以免受到积累电荷的影响。

电磁波向大块金属透入时将不断衰减，直到衰减为零。衰减的程度随着材料的电导率、磁导率及电磁波频率的增加而加大。屏蔽的要求较高时往往采用多层屏蔽。例如有时采用铸铁、坡莫合金、电解铜三种材料制成多层屏蔽，以满足导电、导磁等要求。

但是实现完全的屏蔽是很难办到的，因为被屏蔽的区域与其余区域之间往往仍需要有电路的连接，引线与引线、引线与外壳之间总存在着绝缘间隙，仍然为电磁波提供通道。即使对于完全封闭的金属壳，在频率极低的外部电磁场作用下，理论上内部的磁通密度并不为零。

延伸阅读

电磁辐射无色无味无形，可以穿透包括人体在内的多种物质。各种家用电器、电子设备、办公自动化设备、移动通讯设备等电器装置只要处于操作使用状态，它的周围就会存在电磁辐射。据专家介绍，高电磁辐射环境可能会对人体健康产生以下影响：

（1）对心血管系统的影响，表现为心悸、失眠，部分女性经期紊乱，心动过缓，心搏血量减少，窦性心律不齐，白细胞减少，免疫功能下降等。

（2）对视觉系统的影响，表现为视力下降，引起白内障等。

（3）对生殖系统的影响，表现为使孕妇发生自然流产和胎儿畸形等。

（4）长期处于高电磁辐射的环境中，会使血液、淋巴液和细胞原生质发生改变；影响人体的循环系统、免疫、生殖和代谢功能，严重的还会诱发癌症，并加速人体的癌细胞增殖。

（5）装有心脏起搏器的病人处于高电磁辐射的环境中，会影响心脏起搏器的正常使用。

如果你长期置身于超剂量电磁辐射环境中，应注意采取以下自我保护措施：

（1）居住、工作在高压线、变电站、电台、电视台、雷达站、电磁波发射塔附近的人员，佩戴心脏起搏器的患者，经常使用电子仪器、医疗设备、办公自动化设备的人员，以及生活在现代电器自动化环境中的人群，特别是抵抗力较弱的孕妇、儿童、老人及病人，有条件的应配备针对电磁辐射的屏蔽防护服，将电磁辐射最大限度地阻挡在身体之外。

（2）电视、电脑等有显示屏的电器设备可安装电磁辐射保护屏，使用者还可配戴防辐射眼镜，以防止屏幕辐射出的电磁波直接作用于人体。

（3）手机接通瞬间释放的电磁辐射最大，为此最好在手机响过一两秒后或两次电话铃声之间接听电话。

（4）电视、电脑等电器的屏幕产生的辐射会导致人体皮肤干燥缺水，加速皮肤老化，严重的甚至会导致皮肤癌，因此，在使用完上述电器后应及时洗脸。

（5）多食用胡萝卜、豆芽、西红柿、油菜、海带、卷心菜、瘦肉、动物肝脏等富含维生素 A、维生素 C 和蛋白质的食物，以利于调节人体电磁场紊乱状态，加强肌体抵抗电磁辐射的能力。

刚通上电，电冰箱就偷懒吗

你知道吗

同学们，你们有没有遇到过这种状况：有时候用不着电冰箱了，我们可能会将它关上一段时间，可是等我们想用时，打开开关，它却安然不动，过上一会儿才慢慢启动起来，通了电还不起作用，这是什么原因呢？

物理原理

要想弄清这个问题，首先要弄清电冰箱的工作原理，下面就压缩式冰箱介绍一下。压缩式电冰箱是电机压缩式电冰箱的简称，它主要由三个部分构成：箱体、制冷系统与控制系统。而其中最关键的是制冷系统。现在就来看看制冷系统是如何工作的。它是利用物态变化过程中的吸热现象，使气液循环，不断地吸热和放热，以达到制冷的目的。其具体过程是：通电后压缩机工作，将蒸发器内已吸热的低压、低温气态制冷剂吸入，经压缩后，形成温度为55℃~58℃，压强为112.8帕的高压、高温蒸汽，进入冷凝器。由于毛细管的节流，使压力急剧降低。因蒸发器内压力低于冷凝器压力，液态制冷剂就立即沸腾蒸发，吸收箱内的热量变成低压、低温的蒸汽，再次被压缩机吸入。如此不断循环，将冰箱内部热量不断地转移到箱外。

因此，夏天用冰箱来冷却房间，不但达不到效果，反而会使其内部温度升高。通过以上分析，我们知道只要压缩机一工作，其机体内就有高压存在，并且在断电后，要过一段时间才能消失，这就是冰箱不能在关机后立即开机的原因。

下面详细分析一下其内在机理。电冰箱在运行过程中，其制冷系统压缩机的吸气侧移为低压侧，其压力略高于大气压力。压缩机的排压侧移为高压侧，压强高达117007帕左右，两侧的压强差很大（压力差也很大），停机后两侧系统仍然保持这个压力差，如果立即启动，压缩机活塞压力加大，电机的压动力矩不能克服这样的压力差，使电机不能启动，处于堵转状态，这就使得旋转磁场相对于转子的转速加快，磁通量的变化率加大了，从而导致电机绕组的电流剧增，温度升高，如果时间长，很有可能烧毁电机。因此要求停机后过4—5分钟再启动。

延伸阅读

夏天用冰箱来冷却房间是不可能的，我们就循规蹈矩地使用空调吧，可是空调的制冷原理和电冰箱有什么不同呢？

空调和家用冰箱的制冷原理是完全一样的，和大型冷库的制冷原理也是一样的，主要就是四大部件：①压缩机——把低温低压的气态制冷工质压缩成高温高压气态。②蒸发器——释放出冷气的那部分。制冷工质在这里由液态转化为气态，吸收热量。③冷凝器——释放出热气的部分，高温高压的气态制冷工质在这里冷却成为液态。④节流阀——控制制冷工质流量的地方，在冰箱上就是毛细管，只是冰箱的压缩制冷机在冰箱的

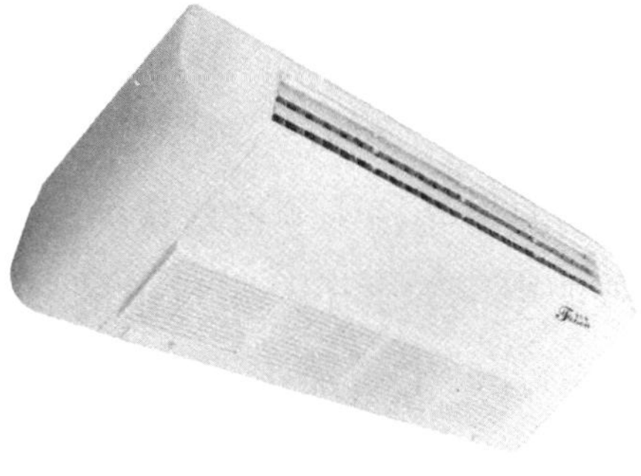

空调

后边，在室内，空调的压缩制冷机在室外，多是悬挂在窗外的。压缩机把液态的制冷剂送入蒸发管，让它汽化，吸收热量，然后再送回压缩机液化放出热量。压缩机把冰箱里面的热量送到冰箱外面，而空调制冷的时候和冰箱同理，到了冬天它就反过来，要把室外的热量送到室内，相当于把一定体积的空气的一定热量送到屋子里面。外面温度很低的时候，空调外面的机器的散热片后面的蒸发管是回接冰的，这个时候有的空调就会启动化霜的程序，把屋内的热量又送到屋外去，但是风机不转，空气没有对流，于是没有冷的感觉。

闪电的形状为何是弯弯曲曲的

你知道吗

大家都知道，带异性电的两块云接近时放出闪电，闪电中因高温导致空气体积迅速膨胀、水滴汽化而发出强烈的爆炸声，这就是我们常说的“电闪雷鸣”。可是你是否注意到，闪电为什么总是弯弯曲曲的呢？

物理原理

美国国家气象局的内泽特·赖德尔认为，每当暴风雨来临，雨点即能获得额外的电子。电子是带负电的，这些电子会追寻地面上的正电荷。额外的电子流出云层后，要碰撞别的电子，使别的电子也变成游离电子，因而产生了传导性轨迹。传导的轨迹会在空气中散布着的不规则形状的带电离子群中间跳跃着迂回延伸，而一般不会是直线。所以，闪电的轨迹总是蜿蜒曲折的。

弯弯曲曲的闪电

延伸阅读

下面让我们了解一下形形色色的闪电知识吧！

黑色闪电。1974 年 6 月 23 日 17 时 45 分，苏联著名天文学家契尔诺夫在扎巴洛日城曾亲眼看到一次飞速滚动的黑色闪电。时值一场大雷雨袭击该城。开始是强烈的球状闪电，一会在它后边飞过一团黑色闪电，在灰色云层的背景下看得很清楚。科学家们观察研究后发现，黑色闪电常在树上、桅杆上、房顶上和金属表面上，呈现出瘤体状或泥团状。当人们用物体敲打或摘除它时，它便会燃烧或爆炸。

黑色闪电的“本来面目”很难被揭穿，人们往往错把它看成一只鸟儿或其他物体，因此是最危险的闪电。当人们或飞机接近时，它会变成球状体并发生爆炸。

黑色闪电是怎样形成的呢？科学家们研究的结论是：它是由分子气溶胶聚集物产生出来的。它是由于太阳、宇宙光、云电场、条状闪电等因素长时间作用于空气而产生的。当聚集物基本聚成球状时，就会变成能爆炸的黑色闪电。

干闪电。海外闪电研究专家告诫世人，即使在没有暴雨和雷声的时候，也要当心干闪电的突然袭击。因为云层中的空气和水粒子的湍流作用会在大气中形成电荷。由此形成的闪电已使许多人丧生。离赤道较近的新加坡在过去的 40 年里就有 100 多人遭到

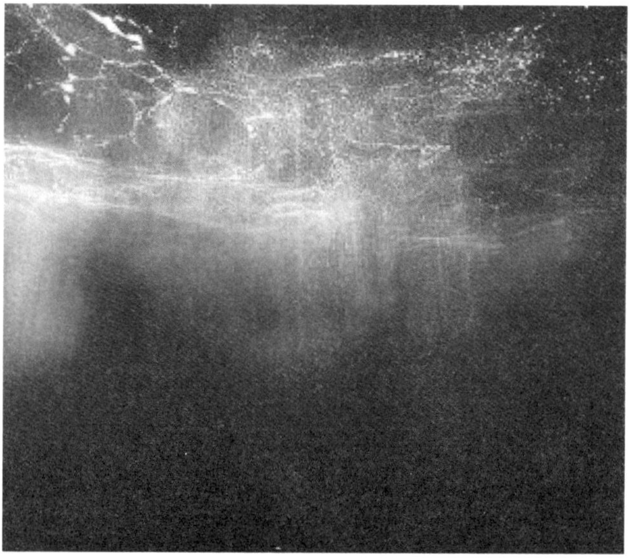

黑色闪电

这种干闪电的袭击而死去。1995 年 12 月的一天，天空中形成的人们无法用裸眼测出的干闪电将一名正在起重机上操作的 33 岁男子击中，起重机也被击毁。

科研人员认为，即使在天空中没有下过一点雨珠也听不到雷响的情况下，闪电活动也可能产生。一般说来，只要在天空中发现类似要下暴雨的云层，在高空作业或野外空旷地区工作的人员就应该马上回到室内或寻找一处较为安全的地方躲避，避免可能出现的干闪电的袭击。

海底闪电 大气中的闪电打雷司空见惯，这是由于空气的导电能力差，当乌云中的正负电荷积累到一定程度，就会放电。而海水是咸的，且浓度大，电导率相对较好，似乎无法积聚起大量的电荷，怎么能产生闪电现象呢？海底也有闪电，这是苏联科学家在日本海底发现的。灵敏的电场仪表明，海底放电的频率与大气中闪电的频率相同。这使科学家们大惑不解。因为按照水文物理学规律，深层海水的电导率良好，理应与雷公雷母无缘。

科学家们经过反复试验，最后认为，电荷源实际上来自陆地上近海岸的空中，再经过岩石传导，一直深入到海底。但随着传导距离的增加，电量逐渐减少。因此，海底测得的放电量一般是较弱的。这样看来，海底世界并不平静，它不同程度地与陆地世界息息相通。无论海洋还是陆地，都是地球不可分割的组成部分，它们之间总是难舍难分的。

日光灯为何会不停地闪烁

你知道吗

有一天，小明发现日光灯不停地闪烁，他以为灯坏了要爆炸了，妈妈说这是很正常的现象。可是小明弄不明白，为什么白炽灯会不停地闪烁呢？这下可难住了妈妈。

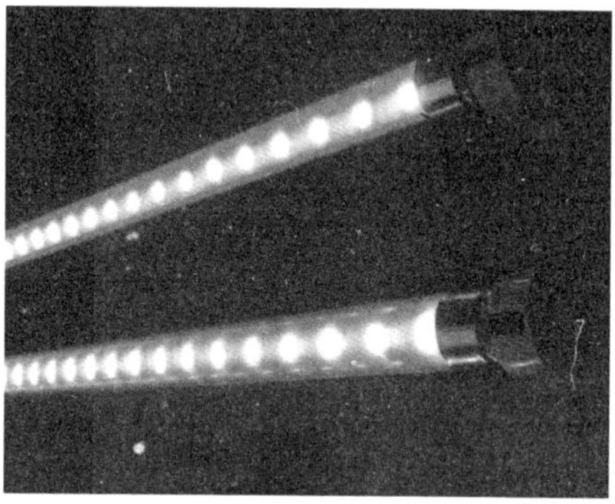

日光灯

物理原理

小明问过老师后才知道，原来这里面包含不少物理知识。交变电流的强弱在不断变化，甚至有时瞬间电流为0，但是，为什么我们没有感觉到白炽灯的闪烁？这是因为它变化得太快。例如，家庭电路中的交变电流从这个方向变为另一个方向，又变回到这个方向，每秒钟要发生50次这样的循环，其间有100个时刻电流为0，人眼是不能分辨这样迅速的亮度变化的。此外，白炽灯的灯丝温度也不可能变得这么快，因此发光的强度实际上没有剧烈地变化。

日光灯是靠气体导电发光的，它的“惯性”比白炽灯的“惯性”小得多。

延伸阅读

谈到了电灯，我们都知道它是爱迪生在 1879 年发明的，可是我们不免会问：在电灯被发明之前，人们是怎样照明的呢？

在电灯问世之前，人们普遍使用的照明工具是煤油灯或煤气灯。这种灯因燃烧煤油或煤气，因此，有浓烈的黑烟和刺鼻的臭味，并且要经常添加燃料、擦洗灯罩，因而很不方便。更严重的是，这种灯很容易引起火灾，酿成大祸。多少年来，很多科学家想尽办法，想发明一种既安全又方便的灯。

19 世纪初，英国一位化学家用 2000 节电池和 2 根炭棒，制成世界上第一盏弧光灯。但这种灯光线太强，只能安装在街道或广场上，普通家庭无法使用。无数科学家为此绞尽脑汁，想制造一种价廉物美、经久耐用的家用电灯。

爱迪生

这一天终于到来了。1879 年 10 月 21 日，一位美国发明家通过长期的反复试验，终于点亮了世界上第一盏有实用价值的电灯。从此，这位发明家的名字，就像他发明的电灯一样走入了千家万户。他就是被后人赞誉为“发明大王”的爱迪生。

电话为何不用电话线

你知道吗

不知道同学们有没有发现，现在，移动电话的使用已经十分普遍，不光是年轻人、中年人使用，老人、青少年也几乎人手一部，不错，随身携带一部手机，就可以在城市的任何一个角落进行通话，就连我国一些旅客列车和民航班机上也开通了公用移动电话。移动电话实在是神通广大，它连电线都不用，是通过什么实现远距离传输信息的呢？

无绳电话

物理原理

大家都知道，公用移动电话系统是城市电话网的一部分。每一部移动电话都相当于一台电磁波发射机和一台电磁波接受机（相当于电台和收音机），它将用户的声音转变为高频电磁信号发射到空中，由附近的接收塔来接收，之后将信号发往卫星，再由卫星将信号发往接收塔，再由接收塔发往被叫手机，接收后便可通话了；同时它又相当于一个收音机，捕捉空中的电磁波，使用户接收到通话对方送来的信息。

有时移动电话会没有信号，这是因为电磁波在空中会被空气尘埃和水分子吸收或散射导致信号变弱或消失。现在的卫星定位的移动电话直接将信号发往卫星，再由卫星发给被叫的移动电话。

延伸阅读

谁发明了电话呢？资料中公认的发明电话的人是贝尔，他1847年生于英国，1873年，成为美国波士顿大学教授。1876年3月7日，贝尔成为电话发明的专利人。但是，最近美国有资料显示，贝尔并不是第一个发明电话的人，意大利伟大发明家梅乌奇于1855年就发明了电话。

1973年4月的一天，一名男子站在纽约街头，掏出一个约有两块砖头大的无线电话，并拨打了一通，引得过路人纷纷驻足侧目。这个人就是手机的发明者马丁·库帕。当时，库帕是美国著名的摩托罗拉公司的工程技术人员。

这世界上第一通移动电话是打给他在贝尔实验室工作的一位对手的，对方当时也在研制移动电话，但尚未成功。库帕后来回忆道："我打电话给他说：'乔，我现在正在用一部便携式蜂窝电话跟你通话。'我听到听筒那头的'咬牙切齿'——虽然他已经保持了相当的礼貌。"

从1973年手机注册专利，一直到1985年，才诞生出第一台现代意义上的、真正可以移动的电话。它是将电源和天线放置在一个盒子中，重量达3千克，非常重而且不方便，使用者要像背包那样背着它行走，所以它被叫做"肩背电话"。

与现在手机形状接近的手机，诞生于1987年。与“肩背电话”相比，它显得轻巧得多，而且容易携带。尽管如此，其重量仍有约750克，与今天仅重60克的手机相比，像一块大砖头。

“大哥大”

从那以后，手机的发展越来越迅速。1991年时，手机的重量为250克左右；1996年秋，出现了体积为100立方厘米、重量为100克的手机。此后手机又进一步小型化、轻型化，到1999年就轻到了60克以下。也就是说，一部手机比一个鸡蛋重不了多少了。

除了质量和体积越来越小外，现代的手机已经越来越像一把多功能的瑞士军刀了。除了最基本的通话功能外，新型的手机还可以用来收发邮件和短消息，可以上网、玩游戏、拍照，甚至可以看电影！这是最初的手机发明者始料不及的。

没有“辫子”的电车

你知道吗

我们都知道，电车是依赖城市上空密布的电线来正常运行的，但是，有一天小明在街上看到一辆头上没有两根累赘的“大辫子”的无轨电车在街上灵活运行，还不时变道超车呢。这引起了他的思考：这电车，既不用油，又不用蓄电池，又没有“辫子”，怎么还能开呢？

物理原理

其实，这种新研制的电车被称作“超级电容公交车”，它看上去是一辆无轨电车，却不见头上两根累赘的“大辫子”。普通电车的“辫子”始终挂在线上，无法轻易变道超车，弄不好还会“翘辫子”，引发交通拥堵。“超级电容公交车”不仅一身轻松，而且摆脱了道路上纵横交错、像蜘蛛网一样的电线网的束缚，活动自如，变得非常灵活。

“超级电容公交车”之所以既不用油，也不用蓄电池，没有“辫子”还能开，是因为它的底部装上了神奇的特大号的“胃”——学名叫“超级电容器”。它能将充足的电能装进自己“肚子”里，即超级电容器里，可以在数十秒到数分钟内快速充电，充放电寿命很长，可达50万次，或9万小时；可以提供很强的放电电流，彻底甩掉两条“大辫子”。

新型电车

延伸阅读

既然超级电容器有充电时间短、功率密度高、使用寿命长、低温特性好及无环境污染等这么多优点，那我们何不来看看它的应用前景呢？

超级电容器自面市以来，全球需求量快速扩大，已成为化学电源领域内新的产业亮点。超级电容器在电动汽车、混合燃料汽车、特殊载重汽车、电力、铁路、通信、国防、消费性电子产品等众多领域有着巨大的应用价值和市场潜力，被世界各国广泛关注。

美国《探索》杂志 2007 年 1 月号，将超级电容器列为 2006

年世界七大科技发现之一，认为超级电容器是能量储存领域的一项革命性发展，并将在某些领域取代传统蓄电池。

2007年，全球纽扣型超级电容器产业规模为10.2亿美元，卷绕型和大型超级电容器产业规模为34.8亿美元，超级电容器产业总规模为45亿美元，同比增长45%；预计2008年全球纽扣型超级电容器产业规模为15.3亿美元，卷绕型和大型超级电容器产业规模为52.2亿美元，超级电容器产业总规模为67.5亿美元，同比增长50%。

在超级电容器产业化方面，美国、日本、俄罗斯、瑞士、韩国、法国的一些公司凭借多年的研究开发和技术积累，目前处于领先地位，如美国的Maxwell，日本的NEC、松下、Tokin和俄罗斯的Econd公司等，这些公司目前占据着全球大部分市场。

超级电容器用途广泛：

用做起重装置的电力平衡电源，可提供超大电流的电力；

用做车辆启动电源，启动效率和可靠性都比传统的蓄电池高，可以全部或部分替代传统的蓄电池；

用做车辆的牵引能源可以生产电动汽车、替代传统的内燃机、改造现有的无轨电车；

用在军事上可保证坦克车、装甲车等战车的顺利启动（尤其是在寒冷的冬季），作为激光武器的脉冲能源。此外还可用于其他机电设备的储能能源。

没有了地磁，我们会怎样

你知道吗

当地球核心不再正常运转，当地球上的电磁场急速崩溃，生活在地球表面的人类该如何来化解这样致命的危机呢？在电影《地心抢险记》中讲的正是这样一个世界末日的故事：地球核心因为不明原因停止转动，导致存在于地球上的电磁场急速崩解，全球各地都出现一场灾害。美国波士顿在十个街口的范围内有32名装置心律调节器的市民在一瞬间调节器停止跳动而暴毙；西岸旧金山的金门大桥也突然变成两截，数百人坠入大海；更离奇的是，聚集在伦敦特拉法家广场的成群鸽子不是进入人群，就是撞上玻璃窗，不但伤及无数游客，更让车辆驾驶失去控制，发生严重交通意外事故；最为夸张的是，罗马著名的观光景点古罗马竞技场前，无数游客亲眼目睹这座千年古迹被密集的闪电击成碎片。这太恐怖了！地磁场会消失吗？如果真的消失了，我们会怎样呢？

看不见的地磁

物理原理

地磁场的产生：地球的主磁场由于在地球周围吸收和发出的

光子信息能量存在差异，也就是存在光子信息的能量流向问题、存在电场，由于地球的自转和公转，同一个地点的光子信息能量密度随时间发生变化，于是人们就说产生了磁场，通常说成地磁场；地磁场的产生是多方面的，是复杂的，但是以地球自转和公转的原因为主要因素，是主磁场。

地磁场的方向：地磁偏角问题是地球自转和公转共同作用的结果；地磁场两极的连线，既不是地球自转轴，也不是地球公转轴的方向，由于地球主磁场是由自转和公转引起的，那么，地磁场两极连线就应该指向地球自转轴和公转轴之间的某一个方向，由于自转和公转所占的比例不同，偏角也会发生变化。

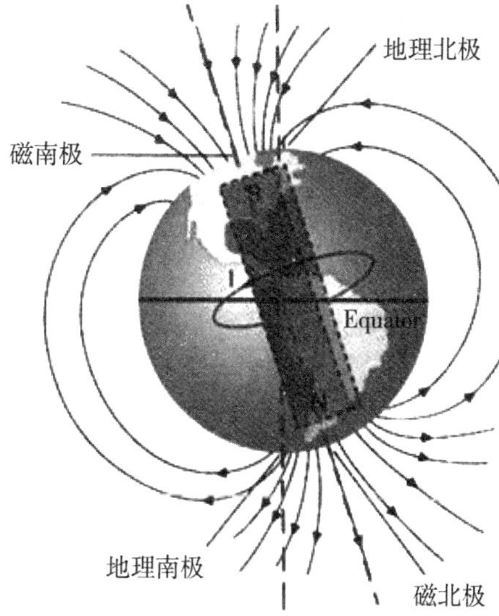

就目前来讲，地球整体带负电荷，地球周围表现出以吸收光子信息为主，但是由于地表温度不同，向外辐射光子信息的能力不同，有些地方会表现出单位时间内发出与吸收光子信息能量不同，也就是电场强度的数值不同，则存在地磁场异常。有些地方甚至会出现发出光子信息的能量特别多，宏观表现为单位时间内，发出的光子信息能量比吸收到的光子信息能量多，局部表现出正电荷的电场强度，由于地球自转和公转引起的光子信息能量的时间梯度不同，甚至是与常规的相反，就是说某些地磁场的异常方向会与通常的

相反。

对地磁换极问题的理解，是比较容易的。由于某一个因素，地球吸收的光子信息与发出的光子信息的比例发生了变化，也就是地球发出的光子信息能量比吸收到的光子信息能量要多，地球周围的光子信息能量流指向地球以外，像是地球带有正电荷，由于地球自转和公转，地磁场更换了极性，S 极变成了 N 极，N 极变成了 S 极，地磁场方向发生改变。如果地球长期发出的光子信息能量，多于吸收到的光子信息能量，地球能量就会不断减少，宏观表现为地球的环境温度很低。

太阳和月球都能影响来自地面的光子流强度和方向。由于地球的自转，太阳和月球带来的光子流，对地磁场强度大小和地磁场方向的改变比较小，没有影响到人类的正常生活，因而没有引起人们的关注，但会或多或少地改变地磁场的大小，影响两磁极的移动。

延伸阅读

请放心吧，据专家分析，不可能出现零磁力状况，就算磁力倒转，世界末日也不会到来，并且可能产生生命进化的新契机。

一般地磁倒转之前，地磁场的强度会变弱。但依据以往测定的古地磁数据，倒转过程中几乎不可能出现零磁力的状况，只存在磁力变小的可能。一般地磁倒转前地磁场减小为现在磁场的$\frac{1}{2}$或者$\frac{1}{3}$左右。

从1900年至今的地磁观测记录看，地磁场的能量确实是在不断减弱，目前已经减少了10%左右。但不能因此简单推论今后地磁场会持续减弱至地磁倒转，因为1900年至今地磁场能量减弱的过程并不是持续稳定的，有些年减小的速度大，有些年减小的速度小，有些年份甚至出现略微上升的“反弹”。因此今后地磁场是否持续减弱，尚待检验。

同时，地磁倒转也并没有严格的周期性，所以很难对何时出现地磁倒转的现象预先作出判断。

孤立地看，地磁场环境的变化似乎对人类并没有直接的影响。因为地磁场的能量非常低，中国地区磁场平均强度往往只有0.3～0.6高斯，比如北京地区的地磁强度就只有0.55高斯左右，而在一个普通磁铁旁边的辐射都有几十或几百高斯。我们日常接触的家用电器，如电视、手机等，包括房间中的带电导线产生的磁场变化，都远大于地磁场的变化。

不过，在地磁倒转过程中，地磁场能量将减弱，甚至会出现短暂的地磁场形态紊乱。此时大量的宇宙空间高能粒子，可能会到达离地面更近的地方，甚至穿透地面，从而对地球生物体系造成影响，给人类的生存环境带来一些问题。

我们现在完全没有必要为地磁倒转而担忧。就地球的存在时间而言，地磁倒转的过程只是短短的一瞬。但对于地球生物体系的演化过程而言，地磁倒转的过程却是一个漫长的过程。在这个过程中，自然界的各种生物包括人类都可能逐步适应地磁变化，还可能产生生命进化的新契机。

多姿多彩的光学天地

轿车前边的车窗玻璃为何被做成倾斜的

你知道吗

不知道同学们有没有注意到，轿车前边的车窗玻璃都被做成了倾斜的。不少人可能会认为，做成这样还不是为了减小车子行驶过程中的阻力呗！也许有人要追问：那大型汽车（如长途客车、公共汽车、大型卡车）驾驶室的前窗玻璃为何又是竖直的呀？显然这种解答不科学！那到底是为什么呢？

物理原理

轿车前边的车窗玻璃

这可要从光学角度来分析：挡风玻璃是透明的，但不是绝对没有反射。坐在驾驶员后面的乘客会因反射成像在驾驶员的前方。小轿车较矮，坐在里面的乘客经挡风玻璃成像在前方，若挡风玻璃是竖直的，则所成的像与车前方行人的高度差不多，这就会干扰驾驶员的视觉判断，容易出事故。而当挡风玻璃为倾斜时，所成的像就会在车前的上方，驾驶员看不到车内人的像，就不会影响视觉判断，可保证行车安全。大型汽车一般很高，驾驶员的位置（视线）比路面行人要高些，这时虽然车内乘客经挡风玻璃反射成的像在车前方，但位置比路上行人高得多，且比较暗淡，因而不会影响驾驶员的视觉判断。

延伸阅读

轿车前边的车窗玻璃都被做成了倾斜的原来是为了安全起见啊，再来看看还有哪些车体设计的作用你还不知道。

（1）夜间行车时，车内能亮灯吗？

在晚上乘车或在路边行走时，我们会发现夜晚行驶的汽车，车内的灯都是关闭的。因为当车内开灯时，汽车的挡风玻璃相当于一个平面镜，车内人、物在玻璃的反射下会在车前方形成虚像，由于车内光线比外面强，所以像可能比路上行人的还要明显，使司机看不清或发生混淆，造成判断失误，酿成交通事故。因此，夜间行车时，为了避免车前出现车内景物的像，保证司机看清路面上的景物，必须关掉车内的灯光！

（2）汽车上为何安装茶色玻璃？

行人很难看清乘车人的面孔。要看清乘车人的面孔，必须从面孔反射足够强的光射到玻璃外面进入车外人的眼里。茶色玻璃表面能反射一部分光线，还会吸收一部分光线，透进车内的光线较弱，其中又有一部分反射光被茶色玻璃反射和吸收，没有足够的光透射出来，所以行人很难看清乘车人的面孔。

（3）小轿车后窗玻璃上那些横着的细线条有什么作用？

轿车后窗玻璃上粘着不少横着的细线条薄膜，是用来导电的。我们知道司机是从驾驶室上方的反光镜里观察车后面的情况。冬天车内比车外暖和，后窗玻璃上容易产生水汽或结霜，此时反光镜映出的后窗上将是白茫茫一片，司机就看不清车后的情况，这是十分危险的。人们由此想出办法，把窗做成双层并粘上导电薄膜，通电后，使玻璃温度升高，玻璃上就不会产生水汽或霜，从而消除了事故隐患。另外一些高级车的后窗玻璃上还安有收音机天线。

彩霞为什么是红色的

你知道吗

不知细心的你发现了没有，日出和日落前后的天边，时常会出现五彩缤纷的彩霞，天空也往往是红色的，老人家俗称之为“火烧云”。火烧云很美，你是否想过它的成因呢？

物理原理

朝霞和晚霞都是空气对光线的散射作用造成的。当太阳光射入大气层后，遇到大气分子和悬浮在大气中的微粒，就会发生散射。这些大气分子和微粒本身是不会发光的，但由于它们散射了太阳光，每一个大气分子都形成了一个散射光源。根据瑞利散射定律，太阳光谱中的波长较短的紫、蓝、青等颜色的光最容易散射出来，而波长较长的红、橙、黄等颜色的光透射能力很强。因此，我们看到晴朗的天空总是呈蔚蓝色，而地平线上空只剩下波长较长的红、橙、黄光了，这些光经空气分子和水汽等杂质的散射后，天空就带上了绚丽的色彩。

朝霞

延伸阅读

云朵和天空的状况的确暗示着许多天气信息。古时候没有天气预报，农民朋友都是靠看天看云识天气的。

天空的薄云，往往是天气晴朗的象征。那些低而厚密的云层，常常是阴雨风雪的预兆；那最轻盈、站得最高的云，叫卷云，卷云和卷积云都很高，那里水分少，它们一般不会带来雨雪；还有一种像棉花团似的白云，叫积云。当连绵的雨雪将要来临的时候，卷云聚集着，天空渐渐出现一层薄云，这种云叫卷层云。接着，云层越来越低，越来越厚，这时卷层云已经改名换姓，该叫它高层云了。出现了高层云，往往在几个钟头内便要下雨或者下雪。

人们还可以根据云的光彩推测天气的情况。在太阳和月亮的周围，有时会出现一种美丽的七彩光圈，里层是红色的，外层是紫色的。这种光圈叫做晕。日晕和月晕常常产生在卷层云上，卷层云后面的大片高层云和雨层云，是大风雨的征兆，所以有“日晕三更雨，月晕午时风”的说法，说明出现卷层云，并且伴有晕，天气就会变坏。另有一种比晕小的彩色光环，叫做“华”。颜色的排列是里紫外红，跟晕刚好相反。日华和月华大多产生在高积云的边缘部分；华环由小变大，天气趋向晴好；华环由大变小，天气可能转为阴雨。夏天，雨过天晴，太阳对面的云幕上，常会挂上一条彩色的圆弧，这就是虹。人们常说：“东虹轰隆西虹雨。”意思是说，虹在东方，就有雷无雨；虹在西方，将有大雨。还有一种云彩常出现在清晨或傍晚。太阳照到天空，使云层变成红色，这种云彩叫做霞。朝霞在西，表明阴雨天气在向我们

看云可以识天气

进袭；晚霞在东，表示最近几天里天气晴朗。所以有“朝霞不出门，晚霞行千里”的谚语。

你知道“冬不穿白，夏不穿黑”的道理吗

你知道吗

“冬不穿白，夏不穿黑。”这是人们从生活实践中总结出来的经验，你知道它所包含的科学道理吗？

物理原理

我们知道，太阳光是由红、橙、黄、绿、蓝、靛、紫七种色光混合而成的。不同的物体，对不同颜色的光线的吸收能力和反射能力各不相同。被物体吸收的光线，人们是看不见的，只有被

彩虹

反射的光线，人们才能看到。因此，某种物体能反射什么颜色的光，在我们看来，它就具有什么样的颜色。如红色的花，是因为它只能反射红色的光线，把其他颜色的光线都吸收了；白色的东西能够反射所有颜色的光线，因此看起来就是白色的；而黑色的东西却能吸收所有颜色的光线，没有光线反射回来，所以看起来就是黑色的了。

太阳不仅给人们送来光明，还送来了大量的辐射热。对于辐射热来说，黑色也是只吸收、不反射，而白色正好相反。

一般说来，深色的东西，对太阳光和辐射热吸收多，反射少；而浅色的东西，则反射多，吸收少。因此，夏天人们都喜欢穿浅色衣服，如白色、灰色、浅蓝、淡黄等，这些颜色能把大量的光线和辐射热反射掉，使人感到凉爽；冬季穿黑色和深蓝色的衣服最好，它们能够大量地吸收光和辐射热，人自然就感到暖和了。

延伸阅读

人们认识了自然规律，就能在生产技术上将之加以利用。像大型露天煤气罐、石油罐的表面都被漆成银白色，就是为了提高它们反射阳光和辐射热的能力，使罐的温度不至于升得过高，以免引起爆炸事故。

人们还利用反射和吸收的原理来征服自然界，让它为人类服务。我国西北部有座祁连山，山上盖满了厚厚的冰雪。可是，因为山很高，上面很冷，就算是炎热的夏天，强烈的阳光和辐射热照上去，也都被那白色耀眼的冰雪给反射回去了，所以积雪没法融化。结果山下大片的田地，都因缺水而荒芜了。

祁连山

日出与蜃景的亲缘关系

你知道吗

日出我们天天看到，可蜃景就不一定了，不论是海面上的蜃景，还是沙漠上的蜃景，都是很难见到的，所以一旦看到，人们往往以为是幻象、鬼神之类，其实不然，我们来看看日出与蜃景有什么血缘关系。

物理原理

1. 光的折射与日出

光在同一种均匀介质中是沿直线传播的，日出是太阳理应恰好处于地平线时我们才能看到的。但是，由于大气层并非均匀的，而是在地面附近稠密，在空中稀薄，且越到高空越稀薄。因而，远在大气层外的太阳光射入我们眼睛的过程中，一路上传播光的空气介质的折射率是逐渐增大的，结果太阳光一路折射使光线呈弯曲状。

由于太阳光是不断从折射率较小的空气层射向折射率较大的空气层，因而折射角 r 要小于入射角 i，使得光线前进的方向呈弯曲状，又由于人们日常生活的习惯经验，总认为光线是沿直线传播的，因而，人眼总是逆着光线方向去寻找发光的物体，故认为

翡翠岛日出

日出时太阳恰好处于地平线上，而非在地平线以下。由此看来，大气层对太阳光的折射结果，使我们看到的日出要早一些，也就是看到的天体位置比实际位置高一些。

2. 光的反射与蜃景

无论是海面上的蜃景，还是沙漠上的蜃景，都是远处地面上物体的光线经大气层反射进入人眼的。因而，和日出相比，它们的区别在于，日出时的“早出”现象是远在大气层外的光线透过大气层后的一种光的折射现象，而蜃景现象是远处地面上物体的光线经大气层反射的一种光的反射现象。

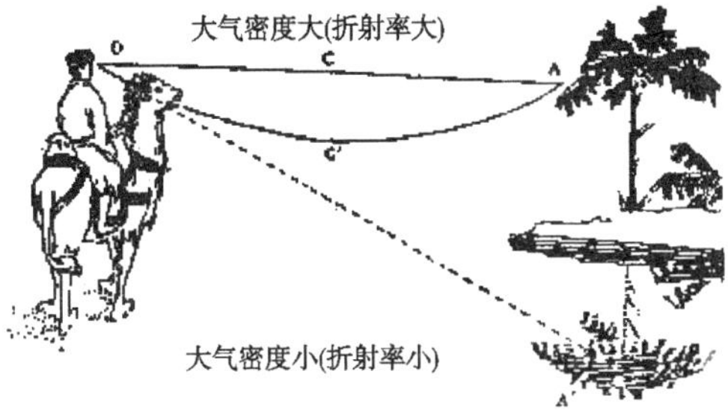

海市蜃楼的成因

海市蜃景：因海面处空气温度低，下层空气的折射率比上层大，故来自远处物体上的光线是从光密介质进入光疏介质，将发生全反射，使光路呈弯曲状。所以，人眼远远望去，就好像看到在沿直线方向上海面远处上空有物景存在。

沙漠蜃景：沙漠表面空气因太阳照晒温度升高，下层空气的折射率比上层小，故来自远处物体上的光线也是从光密介质进入光疏介质，在地面附近发生全反射的结果。人眼远远望去，好像看到在沿直线方向上的沙漠远处有一池清水，甚至有“水面”上景物倒立的像。

秦皇岛海市蜃楼

由此可见，日出与蜃景生产的条件和原因是不同的。学习中要注意区分并分析它们所蕴涵的光学知识及处理方法。

延伸阅读

再为大家介绍一种看似神秘的奇景——佛光。佛光又称宝光，多出现于中、低纬度地区及高山之巅的云海之中。“佛光”是一种光的自然现象，它是由于太阳光线射入云雾之后，经过云雾中的小水滴的反射和衍射等较复杂的光学作用后，太阳光呈现色散现象：波长较短的光在内，波长较长的光依次由里向外排列，从而形成了内紫外红的七彩光环，而光环中的人影则是一部分光线被人的身体阻挡而形成的暗影，七彩光环与人影再反射到观察者的眼中，就形成了奇异的“佛光”。

观察者背向偏西的阳光，有时会发现光环中出现自己的身影，举手投足，影皆随形，即使成百上千人同时同地观看，也只能只见己影，不见旁人。“佛光”发生在白天，产生的条件是太阳光、云雾和特殊的地形。只有当天气晴朗无风，太阳、人体（物体）与云层三者同处在一条倾斜45°的直线上，人位于阳光和云层之间时，才能产生佛光。如果观看处是一个孤立的制高点，那么在相同的条件下，佛光出现的次数要多些。在德国的哈尔兹山，瑞士的北鲁根山，中国的庐山、黄山、泰山和峨眉山都可见到。

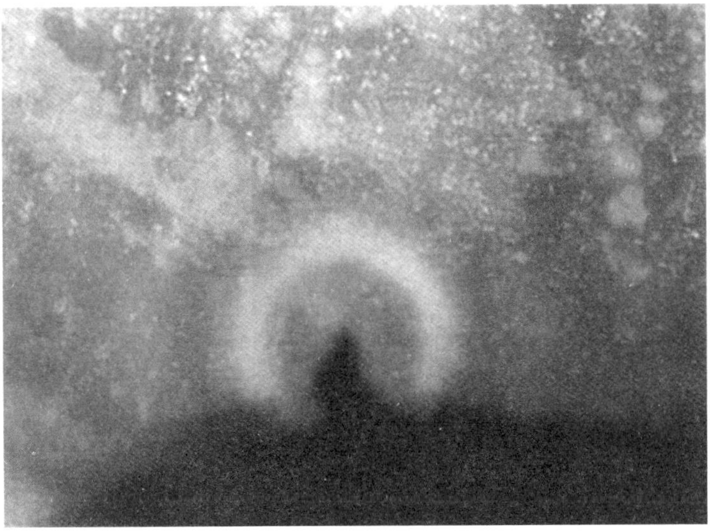

峨眉佛光

“佛光”是一种十分普遍的自然现象，并不神秘，只要具备产生佛光的气象和地形条件，都可能产生。“佛光”在我国的峨眉山金顶最为多见，因为峨眉山的气象条件最容易产生佛光，据统计，峨眉山金顶平均每五天左右就有可能出现一次便于观赏佛光的天气条件，其时间一般在午后3：00—4：00，所以气象学家索性将佛光现象称为“峨眉光”。泰山岱顶碧霞祠一带，也经常出现佛光，当地人称之为“碧霞宝光”。

自行车尾灯中的物理学原理

你知道吗

小明上初中后，为了方便他上下学，爸爸给他买了一辆新自行车。细心的小明发现，新自行车后面装着一个红色的尾灯，里面却又没有灯泡。它有什么用处呢？难道仅仅是用于装饰使它美观吗？

物理原理

白天，自行车尾灯的红颜色会引起后面的汽车司机的注意。夜晚，你拿个手电筒照一下，它会“发光”。它的本领是不管入射光从哪个角度射来，它的反射光都能逆着原方向反射回去。自行车尾部安上它，后面的汽车灯光照在它上面，看上去特别耀眼，就引起了司机的注意，避免汽车撞上。

自行车尾灯由很多角反射器组成

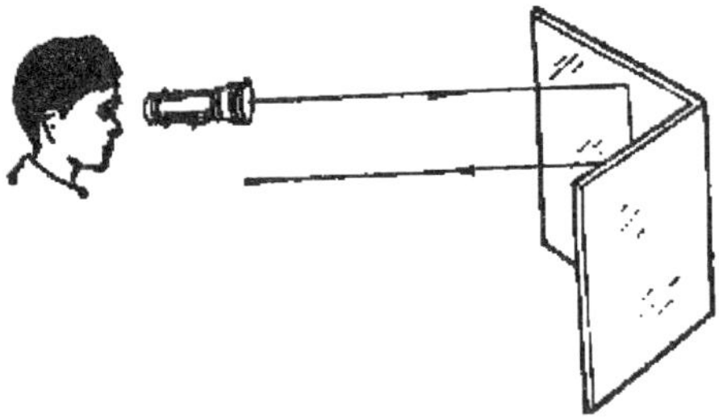

光的反射

现在拿两面镜子，使它们互成 90°，组成一个偶镜，你做一次偶镜的游戏，就能揭开自行车尾灯之谜了。把偶镜立在小柜子上，让镜子距地面的高度跟你眼睛的高度相同，拿一个手电筒，像下图那样让它靠着你的头。打开手电筒，让光线水平地射到偶镜上。偶镜上会发出炫目的反射光。不管手电筒的光沿什么方向射向镜面，只要保持水平，反射光就总是逆着原来的方向反射回来。

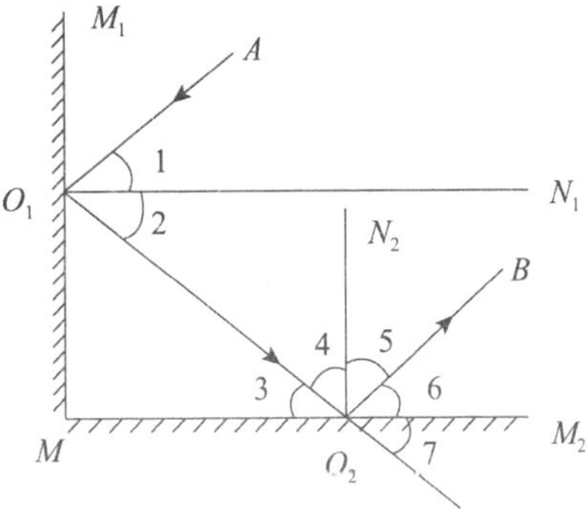

镜面反射

右图画出了偶镜的光路。入射光沿 AO_1 方向射到第一面镜子 M_1 上，经反射后，沿 O_1O_2 方向射向第二面镜子 M_2，最后反射光线沿 O_2B 方向反射回来。我们可以证明 O_2B 平行于 AO_1：

因为 $\angle 1 = \angle 2$（光的反射定律），

$O_1N_1 // MM_2$（它们同时与 MM_1 垂直），

$\angle 2 = \angle 3$（两直线平行，内错角相等），

$\angle 4 = \angle 5$（光的反射定律），

$\angle 6 = 90° - \angle 5 = 90° - \angle 4 = \angle 3$，

所以$\angle 6=\angle 3=\angle 2=\angle 1$；

因为$\angle 3=\angle 7$（对顶角），

所以$\angle 6+\angle 7=\angle 1+\angle 2$；

结论：$O_2B/\!/AO_1$（同位角相等，两直线平行）。

如果在这个偶镜上再加一面镜子，使三面镜子互相垂直，就像从箱子上切下一个角，得到了一个四面体，这就成了角反射器，它实际上是三对偶镜。从任何方向射向角反射器的光线都会被它沿原方向反射回来。自行车的尾灯，从表面看上去好像是蜂窝图案，它里面实际上是许许多多的角反射器。20 世纪 60 年代，科学家们已经利用宇宙飞船把一个角反射器放到了月球上。从地球上向这个角反射器发送激光束，精确测出激光从地球射到反射器再返回地球的时间，再利用光速就可以算出月球到地球的距离。

延伸阅读

角反射器也叫雷达反射器，它是用金属板材根据不同用途做成的不同规格的角反射器。当雷达电磁波扫描到角反射器后，电磁波会在金属角上产生折射放大，发出很强的回波信号，在雷达的屏幕上出现很强的回波目标。由于角反射器有极强的反射回波特性，因此被广泛应用于军事、船舶遇险、救生等领域。

角反射器

军事应用领域：主要是用来隐真示假，欺骗、迷惑敌人。比如在同一条江河上的公路桥或铁路桥附近，用角反射器在河面吊挂一座假桥，那么在轰炸机的雷达屏幕上回波最大的桥就是假桥，而不是真桥，炸弹也可根据目标回波去寻找轰炸目标。角反身器可以模拟部队行军队形，在海面可以用多艘木制小船安放大角反射器，模拟海军舰艇编队。

民用雷达反射器：主要是用于海上遇险救生和保障航道船舶的航行安全。

（1）木制船及救生艇放置雷达反射器，可提高大型船舶的雷达回波显示，避免碰撞，减少意外。

（2）用于海面养殖及作业的小船应放置雷达反射器，避免船舶误入迷途，造成不必要的损失。

（3）主要航道和意发事故海域，如沉船、暗礁、浅礁应放置雷达反射器，防止在特殊气象条件下船舶航行出现意外。

太阳镜的光学原理

你知道吗

每当炎热的夏天到来，大街上到处都是戴太阳镜的人。造型各异的太阳镜不仅能抵挡令人不舒服的强光，同时还可以保护眼睛免受紫外线的伤害。你知道其中的物理原理吗？

物理原理

所有这一切都归功于金属粉末过滤装置，它们能在光线射入

金属粉末过滤装置

时对其进行“选择”。有色眼镜能有选择地吸收组成太阳光线的部分波段，就是因为它借助了很细的金属粉末（铁、铜、镍等）。事实上，当光线照到镜片上时，经过所谓的“相消干涉”过程，光线就被消减了。也就是说，当某些波长的光线（这里指的是紫外线a，紫外线b，有时还有红外线）穿过镜片时，在镜片内侧即朝向眼睛的方向，它们就会相互抵消。形成光波的相互重叠并非偶然现象：一个波的波峰同其靠近的波的波谷合在一起，就导致相互抵消。相消干涉现象不仅取决于镜片的折射系数（即光线从空气中穿过不同物质时发生偏离的程度），还取决于镜片的厚度。一般来讲，镜片的厚度变化不大，而镜片的折射系数则根据化学成分的差异而不同。

偏振眼镜则提供了另外一种保护眼睛的机理。柏油路的反射光是比较特殊的偏振光。这种反射光与直接来自太阳的光或者任何人工光源的光的不同之处就在于秩序问题。偏振光是由全朝一个方向震动的波形成的，而一般的光则是由不定向震动的波形成的。这就像一群无秩序随意走动的人与一批迈着整齐步伐行进的士兵那样，形成了鲜明的对比。一般来讲，反射光是一种有秩序的光。偏振镜片在阻挡这种光时特别有效，因为它的过滤性在发挥作用。这种镜片只让朝一定方向震动的偏振波通过，就像将光“梳理”了一样。对于道路反光问题，使用偏振眼镜能减少光的透射，因为它不让与道路平行震动的光波通过。事实上，过滤层的长分子被导向水平方向，可以吸收水平偏振光线。这样一来，大部分的反射光就被消除掉了，而周围环境的整个照明度并未减少。

最后，变色眼镜的镜片能在太阳光线射来之后变暗。当照明减弱之后，它又重新变得明亮了。之所以能够如此，是因为卤化银的结晶体在起作用。在正常情况下，它能使镜片保持完美的透明度。在太阳光的照射下，晶体中的银便分离出来，处于游离状的银便在镜片内部形成小的聚集体。这些小的银聚集体呈犬牙交错的不规则块状，它们无法透射光线，而只能吸收光线，其结果就是使镜片变暗。在光暗的情况下，结晶体又重新形成，镜片随之恢复到明亮状态。

延伸阅读

将玻璃加工制成镜片，需经过4道工序。让我们来看看生产玻璃的大商家、美国人科宁所采用的加工程序：第一道工序是熔化，将基本的混合物加热到1100℃～1500℃。

第二道工序是提炼，即再提高玻璃的温度，使它更具流动性，并将熔化后仍残留在玻璃内的气体排除掉。玻璃从熔管中流出等待被切割，以形成准确的质量，称为“玻璃滴”，然后送去压制。在科宁使用的这套程序中，着色所需的金属粉末在熔炼过程中已经添加进去了，这正是有别于其他方法的独到之处。而一般方法是在制成

生产玻璃的加工程序

的镜片上再加一个色层。

第三道工序是，将玻璃滴灌入模，用模具确定镜片的外径和弯曲度，制成进一步加工成镜片的玻璃“毛坯”。

第四道工序是，再次将玻璃加热，最后送去打磨（磨平表面）和抛光（使镜片达到完美的透明度）。

天空也爱美吗

你知道吗

自然界中绚丽多彩的晚霞和日出东方时的壮丽景象是任何一位艺术家都难以描绘的。但是很少有人知道，我们目睹的大部分颜色是污染造成的。城市的落日和空气清新的乡村落日是不同的。在非常洁净、未受污染的大气中，落日的颜色特别鲜明。太阳是灿烂的黄色，同时邻近的天空呈现出橙色和黄色。

当落日缓缓地消失在地平线以下时，天空的颜色逐渐从橙色变为蓝色。太阳消失以后，贴近地平线的云层仍会继续反射着太阳的光芒。因为天空的蓝色和云层反射的红色太阳光融合在一起，所以天空中的薄云呈现出红紫色。几分钟后，天空充满了淡淡的蓝色，它的颜色逐渐加深，向高空延

被污染的天空

展。但在一个高度工业化的区域，当污染物以微粒的形式悬浮在空中时，天空的颜色就截然不同了。圆圆的太阳呈现出橘红色，同时天空一片暗红。红色明暗的不同反映着污染物的厚度。有时落日以后，两边的天空出现两道宽宽的颜色，地平线附近是暗红色的，而它的上方是暗蓝色。当污染格外严重时，太阳看上去就像一只暗红色的圆盘。甚至在它到达地平线之前，它的颜色就会逐渐褪去。

为什么在洁净的空气中太阳呈现出黄色，同时天空呈现出蓝色呢？

物理原理

在 19 世纪末期，英国物理学家瑞利在 1871 年首先对此作出了解释。在地球表面的人是透过经空气散射的太阳光来看天空的。在洁净、未受污染的大气中，大部分的散射是由空气中的分子（主要是氧和氮分子）引起的，这些分子的大小比可见光的波长要小得多。瑞利理论指出，散射光强和波长的四次方成反比，在这种情况下，散射主要影响波长较短的光。因为蓝色位于光谱的后面，所以天空本身呈现出蓝色。太阳光直接穿透空气，在散射过程中失去了许多蓝色，所以太阳本身呈现出灿烂的黄色。

根据瑞利的理论，当光波波长减少时，散射的程度急剧加强。所以光波波长最短的紫色光应该散射最强，靛青、蓝色和绿色的光散射要少得多。那么为什么我们看见的是蓝天，而不是紫色和靛色的天空呢？原来当散射光穿过空气时，吸收使它丧失了许多能量，波长很短的紫光和靛光虽然在穿过空气时，散射很强烈，但同时它们也被空气强烈地吸收，阳光到达地面时，所剩的紫色和靛色的散射并不多。我们所目睹的天空颜色是光谱中蓝色附近颜色的混合色，它们呈现出来的就是蔚蓝天空的颜色。

延伸阅读

除了散射外，太阳光还被空气中的臭氧分子和水蒸气所吸收。因为空气层散射和吸收的共同作用，最终到达地面的太阳光消耗了许多能量。因为早晨和傍晚，太阳光经过空气的路程长，能量损失过多，所以我们可以欣赏壮丽的日出和美丽的日落景色。而在白天，阳光在大气中经过的路程短，它的能量损失少，这时用肉眼直视太阳会头晕目眩，是很危险的。

在太阳刚刚落山时，你会看到太阳圆盘的周围有一圈灿烂的红色光环。这个光环是太阳光被远大于空气分子的灰尘颗粒——

蓝天白云

通常它们是悬浮在地球附近空中的——折射的结果。这个光环看上去从太阳圆盘的中心向外延伸了大约3倍。因为光环延伸的角度取决于光波波长和微粒的大小，所以估计折射的颗粒直径大约为尘埃颗粒的大小。如果一阵大雨在落日前清洗了一遍空气的话，在落日时通常就看不到这个光环。

在当今的工业社会，污染物通常是悬浮的微粒，它们由直径从0.01到10毫米不等的微粒组成。瑞利的理论不能解释这种情况。后来，戈什塔夫·米证明了大粒子的散射取决于粒子线度与波长的比值，并于1908年提出了一个更为普遍的理论，它所覆盖的颗粒大小范围更大。这个理论指出，如果空气中有足够大的颗粒，它们将决定散射的情况。米氏的散射理论可以解释我们看见的城市天空的景象，颗粒越大，散射越多，同时散射的效果取决于波长。散射不仅在光谱的蓝色区域强烈，而且在绿色到黄色部分也很强。

所以，穿过了受到很多污染的空气层的太阳光的强度被削弱了许多，太阳看上去更红一些，它已经失去它的蓝色、黄色和绿色成分。除了散射外，像臭氧和水蒸气还会额外地吸收光能。结果圆圆的太阳呈现出黯淡、橘红的颜色。

那么在受污染的空气中，天空本身的颜色又如何呢？悬浮在空中的污染物，时间一久便会聚集成层，较大的颗粒在地面附近形成了较浓密层。当太阳光穿透这些层时，它逐渐褪色，呈现出橘红色。散射的光失去了大量波长较短的光波，结果主要是红光得以穿透。天空呈现出暗红色；因为散射的红光要穿过空气层中较低的、愈来愈浓密的空气，所以在地球表面附近红色越来越浓。你所看到的落日的类型主要取决于你所处的地方。在地面上，落日的亮度和颜色取决于季节和当地的大气状况。人在高处所看见的日出和日落的景色完全不同。有时日落后，站在平台上的观察者能看到贴近两面地平线的一小部分空气散射的阳光。

傍晚的天空能揭示出大气受污染的情况。天然的“污染”也会影响天空颜色，尤其是火山喷发出的大量灰尘、热气体和水蒸气进入大气时，灰尘的颗粒和其他一些微粒最终在离地面 15 千米到 20 千米的地方聚集成层。这个空气层散射太阳光的效果格外明显，绚丽多彩，太阳呈现出蓝色或绿色。尤其是在黄昏时分，火山喷发几年之后还能看到这种景象。这些引人入胜的景色并不能弥补污染的危害，无论污染是天然的还是人为的。但至少污染物颗粒通过绚丽多彩的天空颜色的微妙变化显示了它们的存在。城市日落一旦出现暗红色，那便是对我们的警告。我们应当禁止污染物直接排入大气，只有这样，才能保证我们的子孙后代能够继续欣赏到明朗的天空。

水能生火吗

你知道吗

冰，相信大家都不陌生，况且它融化了就是水。水能灭火，众所周知，它怎么又会生火燃烧了呢？原来，此冰非彼冰也，这里讲的是冰透镜。关于冰透镜，早在我国西汉《淮南万毕术》中就有记载：“削冰令圆，举以向日，以艾承其影，则火生。”其后，晋朝张华的《博物志》中也有类似记载。

清代科学家郑复光根据《淮南万毕术》的记载，亲自动手做

用冰透镜取火

过一些实验，证实冰透镜可以取火。他在《镜镜冷痴》中写道：将一只底部微凹的锡壶，内装沸水，将壶在冰面上旋转，可制成光滑的冰透镜，利用它聚集日光，可使纸点燃。那么神奇的冰透镜究竟是如何生火的呢？

物理原理

冰生火利用的是透镜的聚光原理。将冰做成凸透镜的形状，冰就有了凸透镜的性质，能够汇聚光线。平行光通过透镜将在交点处汇聚，如果将纸片等易燃物置于透镜焦点处，就能使纸片

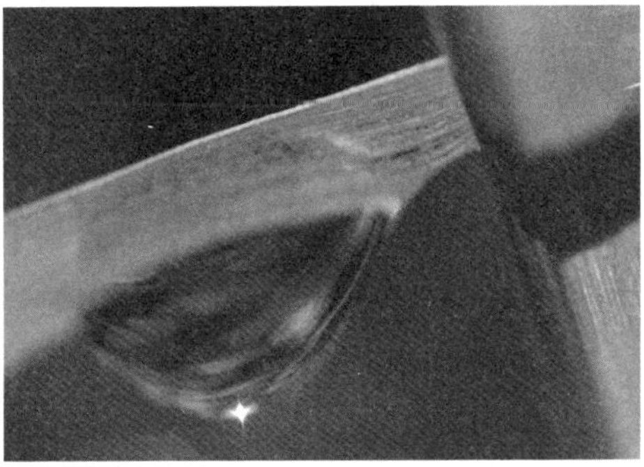

露珠

很快燃烧起来。

其实，除了冰以外，水也能生火。用粗铁丝弯成圆圈，圆圈上蒙一层透明的塑料薄膜。在薄膜上面倒入适量的水，薄膜受到水的压力下沉，形成了水透镜。将水透镜支在一定的高度，让阳光穿过透镜，在地面上聚焦，便可以将放在地面的纸片点燃。

这种水透镜也经常会给人类带来意想不到的灾难。例如在人迹罕至的热带丛林，常常发生神秘的大火，使大片森林付之一炬，许多鸟类葬身火海。起初人们并不知道起火的原因。原来，每天清晨，树木的树叶上常挂着露珠，由于地处赤道附近，太阳虽然刚刚升起却已经骄阳似火，烈日炎炎，阳光照在露珠上，而每颗露珠又恰似凸透镜使阳光汇聚于焦点，假若恰好有枯草或干树叶位于这个焦点上，它们很快就会被点燃。特别是由于小鸟爱用干草或枯枝在树枝上搭巢，森林大火常从鸟巢开始。

延伸阅读

讲到透镜，这里有一个有趣的话题，人在清凉的水中睁开眼睛会发现一切都模糊不清，这是因为光从水中进入眼睛，会减弱眼睛对光的折射能力，使像成在视网膜的后面。而生活在水中的鱼儿能看见水中的物体，是因为鱼眼的晶状体要凸得多，就像球一样，鱼以此来增强它对光的折射能力。现在有一种美人鱼，由于长期生活在水中，它眼中的晶状体和其他的鱼一样凸，为了让它能在陆地上看书，该给它配一副怎样的眼镜呢？

美人鱼眼中的晶状体太凸，如果它到岸上来之后，来自物体上的光会汇聚于视网膜之前，不能看清物体。所以要使它能看清

美人鱼

物体，可给它配戴一副适合的凹透镜，这样可以使进入眼中的光适当发散，它便可以看清陆上的物体啦！

响尾蛇的功劳

你知道吗

你见过响尾蛇吗？它的毒性很大，不过它可是个“瞎子”。它的眼睛对可见光几乎失去了作用，然而它却能敏捷地捕捉田鼠及其他小动物，一个瞎子怎么去捕食呢？

物理原理

人们经过研究发现，原来这种捕捉能力应归功于响尾蛇的热感受器——“热眼”。“热眼”长在蛇的眼睛和鼻孔之间叫颊窝的地方，颊窝一般深5毫米，长1厘米，呈喇叭形状，每个“热眼”都很大，并且都带有一个敏感的膜来探明热能，能敏感地测出0.02℃的温度差异，反应时间低于0.1秒。通过这种器官，即使是在伸手不见五指的黑夜，有“热眼”的蛇类也可以查明温血动物的位置，而温血动物正是蛇类的主要食物。这么神奇的“热眼”，聪明的人类能不能加以利用呢？

延伸阅读

“响尾蛇”导弹

人类果然没有错过这个好机会，“响尾蛇”导弹就是仿照蛇的这种结构制成的，这是仿生学的巨大成果。“响尾蛇”导弹仿制出蛇类“热眼”的结构，根据吸收的红外线特点来辨别出物体的准确位置，进行制导，从而击中目标。20世纪40年代末期，人们研制出了一种响尾蛇“空对空导弹”。它是利用硫化铅作为红外敏感元件，接收喷气式飞机机尾喷管发出的波长为1~3微米的红外辐射流，引导导弹从飞机尾部进行攻击，它只需接收到热源的存在和方位，并不要形成目标的热像图。在1982年6月的中东战争中，叙利亚军方损失的20多架飞机几乎全部是被“响尾蛇”空对空导弹击落的。

月亮母亲生病了还是太阳神怒了

你知道吗

自古以来，月食和日食都是那样的神秘，以前人们解释不了就迷信鬼神，相传，日食现象在印加人中产生的恐慌非比寻常，因为太阳神是印加人的大神，太阳的突然消失是直接降罪的旨意。印加人为此进行专门的祭祀，向太阳神献上牲畜祭品，有时甚至动用人牲，印加王下令重惩帝国的罪犯，以告示神灵。

而月食的发生，则被印加人认为是月亮母亲生病的迹象。印加人认为，月亮一旦死去，就会从天上落下，把所有的人砸死，世界也就随之毁灭。为防止灾难的发生，在月食开始之际，人们就吹响大小号角，敲起大鼓小鼓，把能够找到的可以发出响声的东西敲得叮当作响，来唤醒月亮。人们还把村里所有的狗集中到一起，用绳子捆绑起来狠狠棒打，以致犬吠不止，一片嘈杂。可是日食真的是太阳神发怒吗？月食会是月亮生病吗？还是我们中国人常说的天狗食月亮呢？

物理原理

月食是一种特殊的天文现象，指当月球运行至地球的阴影部分时，在月球和地球之间的地区会因为太阳光被地球所遮闭，看到月球缺了一块。也就是说，此时的太阳、地球、月球恰好（或几乎）在同一条直线上，因此从太阳照射到月球的光线，会被地球所掩盖。

以地球而言，当月食发生的时候，太阳和月球的方向会相差180度，所以月食必定发生在“望”（即农历十五日前后）。要注意的是，由于太阳和月球在天空的轨道（称为黄道和白道）并不在同一个平面上，而是有约5度的交角，所以只有太阳和月球分别位于黄道和白道的两个交点附近，才有机会连成一条直线，产生月食。

当月球整个都进入本影时，就会发生月全食；当只是一部分进入本影时，则只会发生月偏食。月全食和月偏食都是本影月食。

在月全食时，月球并不是完全看不见的，这是由于太阳光在通过地球的稀薄大气层时受到折射进入本影，投射到月面上，令月面呈红铜色。根据月球经过本影的路径及当时地球的大气情况，光度不同的月全食会有所不同。

有时月球并不会进入本影而只进入半影，这就称为半影月食。在半影月食发生期间，月亮将略为转暗，但它的边缘并不会被地球的影子所阻挡。当整个月球进入地球的本影时，就会出现月全

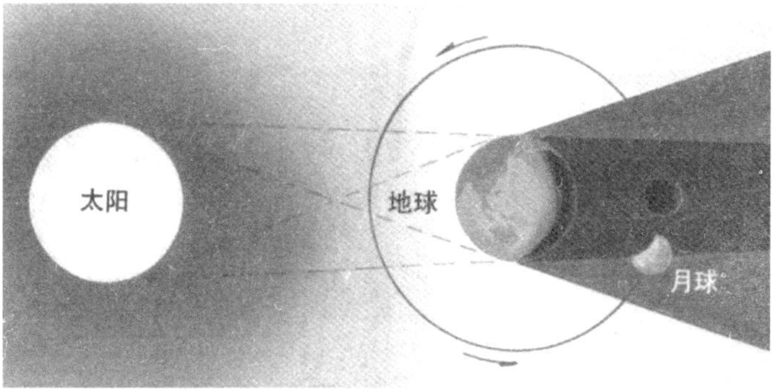

食。当月球只有部分进入地球的本影时，就会出现月偏食。我们知道日食有日全食. 日偏食和日环食，而月食却不存在月环食，这是因为地球的体积远大于月球，使得地球影子面积更大，所以看不到月环食现象。

延伸阅读

月食现象一直推动着人类认识的发展。

最早的月食记录是公元前 2283 年美索不达米亚的记录。中国在汉朝时，张衡就已经发现了月食的原理。公元前 4 世纪的亚里士多德根据月食看到地球影子是圆形而推断出地球是圆的。公元前 3 世纪古希腊的天文学家阿里斯塔克（Aristarchus）、公元前 2 世纪的喜帕恰斯（Hipparchus）都提出过通过月食来测定太阳、地球、月亮的大小。伊巴谷还提出在相距遥远的两个地方同时观测月食，来测量地理经度。2 世纪，托勒密利用古代月食记录来研究月球运动，这种方法一直延用到今天。在火箭和人造地球卫星出现之前，科学家一直通过观测月食来探索地球的大气结构。

奇妙魔幻的声音探索

“雪花落水也有声”中的声学知识

你知道吗

雨水落下时我们总能听到声音，小则淅淅沥沥、滴滴答答，大则倾盆而泻、噼里啪啦。但是下雪什么样？同学们听到过雪的声音没？不错，雪花落水静悄悄，在我们听来是毫无声响的，不过，雪花落水还是会发出声波。首先要说明的是，雪花落水发出的声波频率在50千赫到200千赫之间，海里的鲸鱼就能听到雪花落水所产生的声音，并且这些声音令鲸鱼异常烦躁。然而，请不要想当然地认为这些声音是雪花与水面撞击发出的，那到底是从哪发出的声音呢？

物理原理

还是让我们先读一段故事，从故事中掌握物理原理吧！

故事发生在冷战时期，当时美国海军要监视苏联潜水艇的活动。他们发现，在下雨的时候，水下声纳工作效果不好，常有噪声干扰，甚至无法监听。

他们把这个问题交给华盛顿大学声学物理实验室的克拉姆教授，克拉姆又找到普罗斯·佩勒提教授，后者在声学界颇有名望，是个奇才。普罗斯·佩勒提猜想：这些声音不该是雨滴撞击水面发出的，而应是含在雨滴中的气泡振动发出的。他把这个想法告诉其他科学家，大多数人都摇头。然而克拉姆有这些摇头的科学家没有的一台设备：一台每秒可拍摄 1000 张照片的高速水下摄影机。利用这台摄影机，他确实在下雨时发现水中产生气泡，这些气泡还在不断地收缩、膨胀、振动。他还发现，大气泡振动产生低频声波，小气泡振动产生高频声波。

水滴落入水平面

有些人还告诉他们，渔民也常抱怨，在下雪时声呐也常常侦听不到鱼群的活动情况。一开始，他们也不信，因为雪花中含有 90% 以上的水，空气不多。后来，在一个风雪交加的夜晚，他们在一个汽车旅馆的游泳池找到了证据，雪花落水时也产生气泡，同样，这些气泡也振动，从而发出声波。其实，无论是人们打水漂时所听到的细微声响，还是瀑布的隆隆震响，都不是（或主要不是）来自石块及岩石与水的碰撞，而是来自气泡。

延伸阅读

渔民经常因为雪花的降落侦测不到鱼群而抱怨，那么鱼会不会受到影响呢？鱼长耳朵没？它们能听到声音吗？答案是鱼确实有耳朵，且多数鱼听力甚好。

人类的耳朵里有鼓膜，声音进入耳朵使鼓膜振动，这种振动传到耳朵内的听觉部分，就能听见声音了。

鱼类也有听力

声音在水中传播要比在空气中容易得多。鱼的体内有大量的水，因为鱼没有鼓膜，声音直接穿过鱼的身体，到达耳朵，事实上多数鱼的耳朵根本不与外界相通，而是被保护在头两侧的囊中，囊就在眼睛后面。

许多种鱼能用另一种方式收集声音。它们的耳朵与鳔相连，水中的声音使鳔壁振动，就像声音穿过空气使鼓膜振动一样。然后这种振动通常沿着与鳔相连的一串小骨头传到耳朵里。有些鱼不是靠小骨头传送振动，而是靠从鳔延伸出的管状器官。

声音对鱼很重要。许多鱼能彼此发出有力的叫声，几千米以外都能听见。有些鱼通过磨牙发声，另一些鱼在身上摩擦鳍发声。许多鱼用鳔发声辨声。特殊的可敲击肌肉振动鳔发出声音。

三音石的声学原理

你知道吗

天坛回音壁里有一块为三音石。三音石又称三才石，比喻“天、地、人”三才。

三音石位于皇穹宇殿门外的轴线甬路上。从殿基须弥座开始的第一、第二和第三块铺路的条形石板就是三音石。

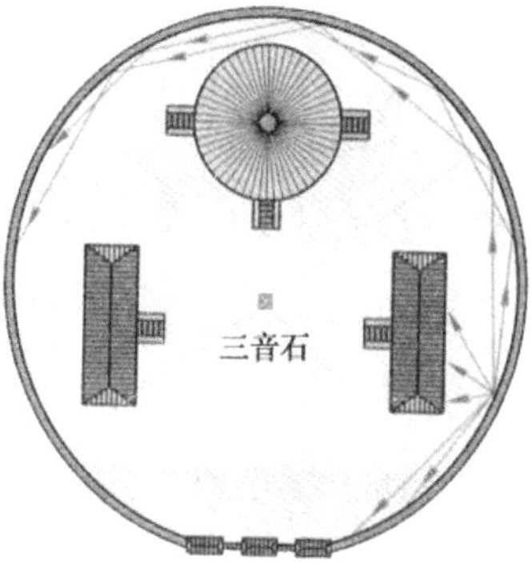

三音石的构造

站在第一块石板上面向殿内说话，可以听到一次回声。站在第二块石板上面向殿内说话，可以听到两次回声。站在第三块石板上面向殿内说话，可以听到三次回声。这是什么原因呢?

物理原理

原来，这里面还有不少知识。造成三音石独特效果的原因是建筑格局中的一些布置与声学原理相吻合。声波从不同之处折射

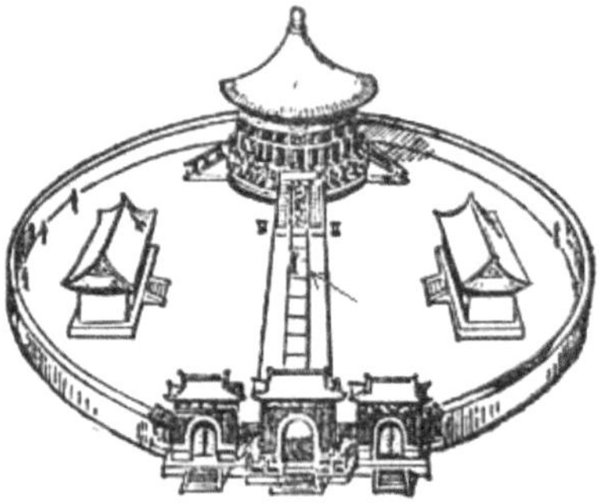

天坛回音壁的构造图

回来的速度与层次造成了第一、第二和第三块石板处听到回音的次数不同。第三块石板与殿门及殿内神龛上的殿顶所构成的特有角度，可以使声波折返到殿外时带有强烈的轰鸣。

天坛回音壁的四周围墙很高，而且坚硬光滑，能够很好地反射声音；墙又是圆形的，三音石正好放在圆的中心处。当你拍了一下手后，声音从空气中向四周传播，遇到围墙后，又给反射回来，这些经反射回来的声音又都经过位于圆心的三音石。所以，我们站在三音石上拍手，就会听到清晰的回音，而且回音特别响。

反射回来的声音还有一个特点，它经过圆心后继续向前走，一直传到对面围墙上，经过第二次反射又回到三音石。这样，我们就听到了第二次、第三次，甚至更多次的声音了，这里除你拍手的那次声音是原始声音，其余的都是回音。

当发声和回声间隔时间小于$\frac{1}{16}$秒时，我们会把这两种声音听成一个声音，回声的作用只是加强了原来的声音。声音在空气中传播的速度是每秒钟 340 多米。只有人与墙壁间的距离超过 11 米时，声音往返的距离才会超过 22 米（$22>340\div16$），这时，我们的耳朵才能把回声分辨出来。皇穹宇室内半径才几米，当然就听不到回音了。三音石到围墙的距离是 32.5 米，不难算出，发声和回声的时间间隔是$\frac{1}{5}$秒，所以能听到清晰的回声。

延伸阅读

三音石利用了回声，它还可以用来测深度、远度以及扩音等，但是它在很多场合也制造了麻烦，影响听觉的准确性和方向性，会使定位发生误差，所以有时候抑制回声是必要的。

目前解决回声的办法就是在话路中插入回声抵消设备（也称回声抑制器，本书不加区分）。回声消除器监测接收路径上从远端来的话音，计算出回波的估值，然后在发送路径上减去这个估值。于是，回波被去除了，只有近端的话音被发送到远端。如果一次通话的主被叫用户都是 PSTN 用户，由于两侧的 2/4 线转换都会产生回声，因此一次通话需要两个回声抑制器，分别如下：

去话 EC：抑制、抵消主叫产生的回声，有利于被叫方。一般来说，去话 EC 应尽量靠近主叫，这样源和回声间的时差较小，对硬件要求也相应较小。

来话 EC：抑制、抵消被叫产生的回声，有利于主叫方。一般来说，来话 EC 应尽量靠近被叫，这样源和回声间的时差较小，对硬件要求也相应较小。

回波抵消器的工作原理决定了，回波通路时延越大，设备成本越高。例如：由 Tellabs 公司提供的 CEC128 回波抵消芯片，可以同时处理 32 个回波通路时延小于 64ms 的话路，如果回波通路时延为 128ms，则同样的芯片就只可以处理 16 个话路。回波抵消设备所能支持的最大回波通路时延（有时也称最大尾端返回时延）就成了回波抵消设备最重要的一项指标。

因为上述原因，在安装回波抵消器的时候，要尽可能把回波抵消器安装在靠近2/4线变换器的位置上。对于用户来说，回波通路时延没有改变，可对于回波抵消器来说，时延变小了。如下图所示。

典型的回波抵消器组网方式

对于上图中的回波抵消器1来说，用户1是它的近端（尾端），用户2是它的远端，它的任务是消除近端产生的回波，也就是图中2/4线变换器1所产生的回波，保证用户2听不到回声。这时，用户2看到的回波通路时延是从用户2到2/4线变换器1，再返回用户2所用的时间，这个时延决定了是否安装回波抵消器；而回波抵消器1看到的回波通路时延，只是从2/4线变换器1到回波抵消器1的时延。于是，回波抵消器1所要支持的最大返回时延就可以小很多，成本也就大大降低。可以看出，在这种典型组网中，回波抵消器只是单向工作的，受益的是远端用户。这样如果双方的2/4线转换性能均比较差，则回波抵消器必须安装两个，分别用于保护参与通话的两个用户。从优化网络结构和降低回声抑制器成本的角度来说，去话回声抑制器应该尽量靠近主叫，而来话回声抑制器应该尽量靠近被叫，这样回声抑制器靠近回声源，对回声抑制器的硬件要求较低，抑制效果也最佳。

次声波杀人之谜

你知道吗

1890 年，一艘名叫“马尔波罗号”的帆船在从新西兰驶往英国的途中，突然神秘地失踪了。20 年后，人们在火地岛海岸边发现了它。奇怪的是，船上的东西都原封未动，完好如初。船长航海日记的字迹仍然依稀可辨；就连那些已死多年的船员，也都“各在其位”，保持着当年在岗时的“姿势”。1948 年初，一艘荷兰货船在通过马六甲海峡时，遭遇了一场风暴，风暴过后，全船海员莫明其妙地死光；在匈牙利鲍拉得利山洞入口廊里，3 名旅游者齐刷刷地突然倒地，停止了呼吸……

在大海中航行的帆船有可能遭遇次声波

这些船员是怎么死的？是死于天火或雷击吗？不是，因为船上没有丝毫燃烧的痕迹。是死于海盗的刀下吗？不是！遇难者遗骸上看不到死前打斗的迹象。是死于饥饿干渴吗？也不是！船上当时贮存着足够的食物和淡水。是自杀还是他杀？死因何在？凶手是谁？检验的结果是：在所有遇难者身上，都没有找到任何伤痕，也不存在中毒迹象。显然，谋杀或者自杀之说已不成立。那么，是心脑血管一类的疾病突然发作致死的吗？法医的解剖报告表明，死者生前个个都很健壮！

案情的确蹊跷、迷离而莫测！

物理原理

经过反复调查，研究人员终于弄清了制造上述惨案的“凶手”，原来它是一种不为人熟知的次声波。次声波是一种每秒钟振动数很少、人耳听不到的声波。次声波频率很低，一般均在200000 千赫以下，波长却很长，传播距离也很远，它比一般的声波、光波和无线电波都要传得远。例如，频率低于 1 赫的次声波可以传到几千以至上万千米以外的地方。1960 年，南美洲的智利发生大地震，地震时产生的次声波传遍了全世界的每一个角落！1961 年，苏联在北极圈内进行了一次核爆炸，产生的次声波竟绕地球转了 5 圈之后才消失！

次声波具有极强的穿透力，不仅可以穿透大气、海水、土壤，还能穿透坚固的钢筋水泥构成的建筑物，甚至连坦克、军舰、潜艇和飞机都不在话下。次声波穿透人体时，不仅能使人产生头晕、烦躁、耳鸣、恶心、心悸、视物模糊、吞咽困难、胃痛、肝功能失调、四肢麻木，还可能破坏大脑神经系统，造成大脑组织的重大损伤。次声波对心脏影响最为严重，最终可导致死亡。

延伸阅读

那么为什么次声波能置人于死地呢？原来，人体内脏固有的振动频率和次声频率相近似（0.01～20 赫），倘若外来的次声频率与身体内脏的振动频率相似或相同，就会引起人体内脏的“共振”，从而使人产生头晕、烦躁、耳鸣、恶心等等一系列症状。特别是当人的腹腔、胸腔等固有的振动频率与外来次声频率一致时，更易引起人体内脏的共振，使人体内脏受损而丧命。前面提到的发生在马六甲海峡那桩惨案，就是因为这艘货船在驶近该海峡时，恰遇海上起了风暴。风暴与海浪摩擦，产生了次声波。次声波使人的心脏及其他内脏剧烈抖动、狂跳，以致血管破裂，最后造成死亡。次声波虽然无形，但它却时刻在产生并威胁着人类的安全。在自然界，例如太阳磁暴、海峡咆哮、雷鸣电闪、气压突变；在工厂，机械的撞击、摩擦；军事上的原子弹、氢弹爆炸试验等等，都可以产生次声波。

由于次声波具有极强的穿透力，因此，国际海难救助组织就在一些远离大陆的岛上建立起“次声定位站”，监测着海潮的洋面。一旦船只或飞机失事，就可以迅速测定方位，进行救助。

近年来，一些国家利用次声能够“杀人”这一特性，致力于次声武器——次声炸弹的研制。尽管眼下尚处于研制阶段，

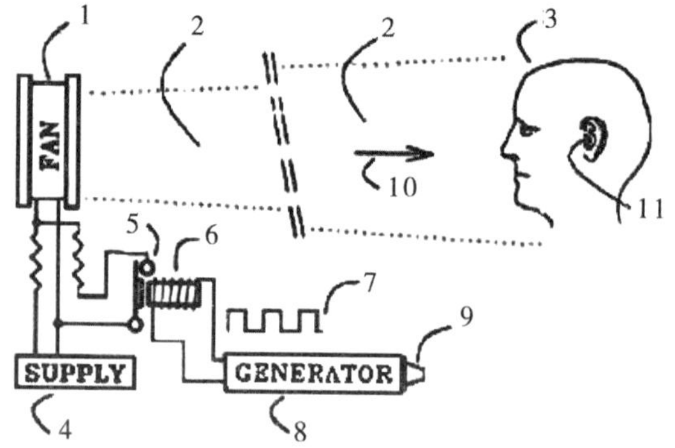

次声波的威力无比

但科学家们都预言：只要次声炸弹一声爆炸，瞬息之间，在方圆十几千米的地面上，所有的人都将被杀死。次声武器能够穿透15厘米厚的混凝土和坦克钢板。人即使躲到防空洞里或钻进坦克的“肚子”，也还是一样地难逃厄运。次声炸弹和中子弹一样，只杀伤生物而无损于建筑物。但两者相比，次声弹的杀伤力远比中子弹强得多。

电子琴的发音原理

你知道吗

同学们中间应该有不少人学过电子琴吧？电子琴既可以演奏不同的曲调，又可以发出强弱不同的声音，还可以模仿二胡、笛子、钢琴、黑管以及锣鼓等不同乐器的声音。那么，你想过没有，电子琴的发音原理是怎样的呢？

电子琴

物理原理

大家知道，当物体振动时，能够发出声音。振动的频率不同，声音的音调就不同。在电子琴里，虽然没有振动的弦、簧、管等物体，却有许多特殊的电装置，每个电装置一工作，就会使喇叭发出一定频率的声音。当按动某个琴键时，就会使与它对应的电装置工作，从而使喇叭发出某种音调的声音。

电子琴的音量控制器，实质上是一个可调电阻器。当转动音量控制器旋钮时，可调电阻器的电阻就随着变化。电阻大小的变化，又会引起喇叭声音强弱的变化。所以转动音量控制旋钮时，电子琴发声的响度就随之变化。

当乐器发声时，除了发出某一频率的声音——基音以外，还会发出响度较小、频率加倍的辅助音——谐音。我们听到的乐器的声音是它发出的基音和谐音混合而成的。不同的乐器发出同一基音时，不仅谐音的数目不同，而且各谐音的响度也不同，因而使不同的乐器具有不同的音品。在电子琴里，除了有与基音对应的电装置外，还有与许多谐音对应的电装置，适当地选择不同的谐音电装置，就可以模仿出不同乐器的声音来。

延伸阅读

向杯中倒水时，是不是听声音就知道有没有满呢？这与振动的发生频率有关。不同长度的空气柱，振动发声时频率不同，空气柱越长，发出的音调越低；瓶中水越多，空气柱就越短，发出的声音频率越高，音调也就越高，特别是水刚好倒满的瞬间，音调会陡然升高。通过听声音的高低，我们就能判断出是否水已经倒满了。更加熟悉的就是和你朝夕相处的人在室外说话时，你也能分辨出是谁的声音。不同的人发出的声音音调、响度也有可能相同，但音色绝不会相同，因为不同的发声体发出的声音的音色一般不相同，由于非常熟悉，我们通过辨别音色就能分辨出谁在说话。

通过听声音可知水是否倒满

大雪后为什么很寂静

你知道吗

冬天，一场大雪过后，人们会感到外面万籁俱寂。这是怎么回事呢？难道是人为的活动减少导致的吗？那么，为什么在雪被人踩过后，大自然又恢复了以前的喧嚣？

大雪之后，万籁俱寂

物理原理

原来，刚下过的雪是新鲜蓬松的，它的表面层有许多小气孔，当外界的声波传入这些小气孔时便会发生反射。由于气孔往往是内部大而口径小，所以，仅有少部分声波的能量能通过口径反射回来，而大部分的能量则被吸收掉了，从而导致自然界声音的大部分均被这个表面层吸收，故出现了万籁俱寂的场面。而雪被人踩过后，情况就大不相同了。原本新鲜蓬松的雪就会被压实，从而减小了对声波能量的吸收。所以，自然界便又恢复了往日的喧嚣。

什么东西能把噪声“吃掉”

你知道吗

找一只滴答作响的小闹钟，用棉被把它包上，怎么样？它的响声被“吃”掉了吗？这世界上有“吃”声音的东西吗？

物理原理

玻璃棉、矿渣棉、泡沫塑料、毛毡、棉絮、加气混凝土、吸声砖……这些都是吸声材料。这些材料不是十分松软，就是带有

吸音材料

小孔。声波传播到吸声材料上，就会引起小孔隙里空气和细小纤维的振动，由于摩擦等阻碍，声能被转化成了热能，声音就这样被“吃”掉了。

如果把吸声材料装饰在房间的内表面上，或在室内悬挂一些吸声体，房间里的噪声会得到一定程度的降低。这种方法就叫吸声。

打个比方说，如果在屋子的四周挂上黑布，在同样的电灯光下，室内光线就显得暗了。要是四面都是镜子，屋里就会觉得很亮。这是因为，黑布把照在它上面的光线吸收了，只靠电灯的直射光照明；明镜能把照在它上面的光反射回来，加强了室内的光线。声波的情况也是这样。用吸声材料包围起来，机器的噪声传到四周就被“吃”掉，很少有反射，噪声也就降低了。

利用吸声材料还可以制造消声器。

消声器可以“吃”掉讨厌的气流噪声，它是一种阻止声音传播而又允许气流通过的装置。汽车尾部吐烟的地方，就有个粗管子式的消声器。

找一把哨子，再卷个纸筒，纸筒里放些泡沫塑料，把哨子放在里边。吹哨子时，你会听到，哨子的声音变小了，气流仍可通过。用竖笛做这个实验，效果更好。这就是一种最简单、最基本的消声器，叫管式阻性消声器。声波进入消声器之后，吸声材料就把声能转化成为热能了。

消声器的种类很多，还有抗性的、共振式的等等，在各种空气动力机器中起着消声作用。我国科学家近年来发明了微穿孔板消声器和小孔消声器，不仅消声效果好，而且不怕油、不怕水。

延伸阅读

有些同学可能觉得消声在生活中不是很有必要，下面就来说说噪声对身心健康的危害。

（1）强的噪声可以引起耳部的不适，如耳鸣、耳痛、听力受损。据测定，超过 115 分贝的噪声还会造成耳聋。据临床医学统计，若在 80 分贝以上的噪音环境中生活，耳聋者可达 50%。医学专家研究认为，家庭噪音是儿童聋哑的病因之一。

（2）使工作效率降低。研究发现，噪声超过 85 分贝，会使人感到心烦意乱，感觉非常吵闹，因而无法专心地工作，结果工作效率降低。

噪音的危害

（3）损害心血管。噪声是心血管疾病的危险因子，会加速心脏衰老，增加心肌梗死发病率。医学专家通过人体和动物实验证明，长期接触噪声可使体内肾上腺分泌增加，从而使血压上升，在平均 70 分贝的噪声中长期生活的人，其心肌梗死发病率增加 30% 左右，特别是夜间噪音会使发病率更高。调查发现，生活在高速公路旁的居民，心肌梗死率增加了 30% 左右。调查 1101 名纺织女工，高血压发病率为 7.2%，其中接触强度达 100 分贝噪声者，高血压发病率达 15.2%。

（4）噪声还会引起如神经系统功能紊乱、精神障碍、内分泌紊乱等病状。高噪声的工作环境，会使人出现头晕、头痛、失眠、多梦、全身乏力、记忆力减退以及恐惧、易怒、自卑甚至精神错乱。在日本，曾有过某人因为受不了火车噪声的刺激而精神错乱，最后自杀的例子。

（5）干扰休息和睡眠。休息和睡眠是人们消除疲劳、恢复体力和维持健康的必要条件。但噪声使人不得安宁，难以休息和入睡。当人辗转不能入睡时，便会心态紧张、呼吸急促、脉搏跳动加剧、大脑兴奋不止，第二天就会感到疲倦或四肢无力，从而影响到工作和学习。久而久之，就会得神经衰弱症，表现为失眠、耳鸣、疲劳。

（6）对女性生理机能的损害。孕妇受噪声的威胁，会导致流产及早产等。专家们曾在哈尔滨、北京和长春等 7 个地区经过为期 3 年的系统调查，结果发现噪声不仅能使女性患噪声聋，且对女性的月经和生育均有不良影响。另外可导致孕妇流产、早产，甚至生下畸胎。国外曾对某个地区的孕妇普遍发生流产和早产做了调查，结果发现她们居住在一个飞机场的周围，祸首正是那起飞又降落的飞机所产生的巨大噪声。

（7）噪声对儿童身心健康危害更大。儿童发育尚未成熟，各组织器官十分娇嫩和脆弱，不论是体内的胎儿还是刚出世的孩子，噪声均可损伤听觉器官，使听力减退或丧失。据统计，当今世界上有 7000 多万耳聋者，其中相当部分是由噪声所致。专家研究已经证明，家庭室内噪音是造成儿童聋哑的主要原因，若在 85 分贝以上噪声中生活，耳聋者可达 50%。

（8）噪声对视力的损害。人们只知道噪声影响听力，其实噪声还影响视力。试验表明：当噪声强度达到90分贝时，人的视觉细胞敏感性下降，识别弱光反应时间延长；噪声达到95分贝时，有40%的人瞳孔放大，视线模糊；而噪声达到115分贝时，多数人的眼球对光亮度的适应都有不同程度的减弱。所以长时间处于噪声环境中的人很容易发生眼疲劳、眼痛、眼花和视物流泪等眼损伤现象。同时，噪声还会使色觉、视野发生异常。调查发现噪声对红、蓝、白三色视野缩小80%。所以驾驶员应避免立体音响的噪声干扰，不然易造成行车事故。

“悬丝诊脉”，真有此事吗

你知道吗

在我国古典小说和传统戏曲里，常有太医为后妃们“悬丝诊脉”的情节。具体方法是：后妃和太医各居一室，由太监或宫女将一根红丝线拴在后妃的手腕上，线的另一端交给太医把按，通过丝线辨别病情。这样做，是为了维护宫廷礼制，以防乱了宫闱。

孙思邈

传说孙思邈给长孙皇后看病就用此法。因孙思邈是从民间而来，不是有官职的太医院的御医，太医就有意试他，先后把丝线拴在冬青根、铜鼎脚和鹦鹉腿上，最后才把丝线系在长孙皇后腕上，让孙思邈为她看病。孙思邈诊得脉象，知是滞产，便开出一剂药方，长孙皇后遂顺利分娩。同行问其窍门，孙思邈笑而不答。相信同学们一样，也想知道究竟吧？病人的脉象能否通过丝线传导给医生呢？

物理原理

原来，当被诊断的病人脉搏振动时，会引起丝线的振动，医生通过分析病人脉搏的振动情况就可以进行诊断了，这是利用了声音可以通过固体传播的原理。为了能使听到的声音更大，可以在丝线的两端各装一个小纸盒，因为固体传声的能力不仅与温度、物质种类有关，还与其硬度有关。

延伸阅读

古人求医悬丝诊脉，令人费解，那今天的听诊器又有什么原理呢？

人听到声音的原因是物体振动引起周围介质波动。例如空气振动人耳中鼓膜，转化为脑电流，人就“听”到了声音。通常人耳朵能感受的振动频率为 20 赫 ~ 20 千赫。

人对声音的感受标准还有一个是音量。音量和波长有关，正常人听觉的强度范围为 0 ~ 140 分贝。

换句话说：音频范围内声音太响太弱都听不到，音量范围内

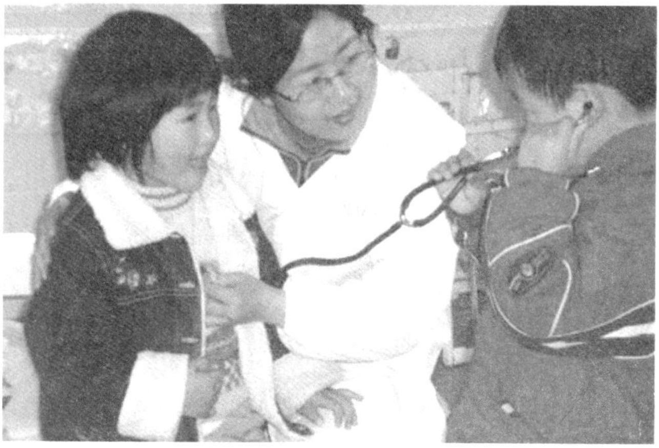

听诊器是医生的必备工具

音频太小（低频波）或太大（高频波）也听不到。

人能听到声音还和环境有关，人耳有屏蔽效应，就是强声可以遮盖弱声。

人体内部的声音如心跳声、肠鸣音、湿啰音等甚至血液流动的声音不大能让人“听”到的原因是音频过低或音量太小了，或被嘈杂环境遮蔽掉了。听诊器的原理就是物质间振动传导参与了听诊器中的铝膜，而单非空气，改变了声音的频率、波长，达到了人耳“舒适”的范围，同时遮蔽了其他声音，“听”得更清楚。

口技的秘密

你知道吗

《聊斋志异》中记载了一位奇人，他不但能够模仿别人的声音，甚至当他一开口，好像有七八个人在说话，其中男女老少都有，而且各自在讲不同的话题。这在现在看来显然有点夸大其词，不过现代艺人除了可以模仿不同动物的声音之外，还创立了很多不同的声响，例如：火车、破碎、婴儿啼哭等。人是人，动物是动物，这模仿是怎么做到的呢？

物理原理

原来，每个人说话的声音不同是因为声色不同，“闻其声而知其人”讲的就是根据声音的音色来辨别。

电子乐器能模仿许多乐器的声音，就是因为它能发出与模仿乐器声音差不多的声音。

《聊斋志异》中的奇人就是通过调整自己的声带形状，改变发声体的振幅和发生频率来达到模仿目的的。

延伸阅读

你对口技了解多少呢？我们来看看它的发展历程吧。

口技是杂技、曲艺节目的一种，且其中还有腹语术。运用嘴、舌、喉、鼻等发音技巧来模仿各种声音，如火车声、鸟鸣声等，表演时配合动作，可加强真实感。

口技是民间的表演技艺，是杂技的一种。古代的口技实际上只是一种仿声艺术。表演者用口模仿各种声音，能使听的人产生一种身临其境的感觉，是我国文化艺术的宝贵遗产之一。

口技的运用，最早见于春秋战国时代。据历史记载，齐国孟尝君田文因才能享誉六国，遭嫉妒，秦昭襄王准备杀害他。他使门客学狗叫，盗得狐白裘，贿赂宠妃，取得“通行证”，又使门客学鸡叫，使守关官吏打开城门，得以逃脱。

口技作为表演艺术不晚于宋代。宋人《杂记》中说在京城的游艺场里，有“学乡谈”和“百鸟鸣”，可能都是口技。宋元戏剧中的“犬吠”、“鸡叫”之类的舞台效果，大都是口技者在后台完成的。

到了清代，口技从单纯模拟某一声音，发展到能同时用各种声音串组成一个故事，被列为“百戏”之一，即“口戏”，表演者多隐身在布幔或屏风后，俗称“隔壁戏”。它表演“军旅狩猎”、“群猪争食”，无不惟妙惟肖。

古代称口技为“相声”，取仿声之意，是一种仿声艺术，至今仍流行。但“口戏”已经消亡，一是因为“口戏”需表演者有高超技艺；二是因为“口戏”的许多条件和作用，已为现代技术设备所代替。

会领航的海豚

你知道吗

在新西兰海岸，一艘海船在大雾弥漫、暗礁丛生的浅海地区迷了路，多亏了一条海豚带领，这只船才顺利地到达了安全地带。

海豚是如何为海船领航的呢？

科学家还发现，一群灰海豚在吃东西时，可使 8 千米以外的伙伴沿直线游来分享，这又是什么神奇的作用呢？8 千米以外的海豚怎么会知道吃东西的地点呢？

海　豚

物理原理

研究发现，这跟海豚的器官有关。海豚身上有一套精确的定位回声装置，能用超声波定位。海豚的超声波定位器位于头部。它所发出的超声波遇到物体产生回波，由它的耳朵和头部某一部位接收。经过训练的海豚，利用它的特有功能，还可以帮人类探测和寻找沉船、潜艇等。当海豚发出的声音遇到附近的物体反射时，海豚则通过回声的大小、频率来判断物体的大小、形状和位置。科学家就是从海豚身上得到启发，利用声呐作为探测器。

延伸阅读

潜艇的发明，给科学家出了一道难题。它藏在海水深处神出鬼没，如何才能发现它呢？再好的望远镜也无法发现水下目标，雷达对它也无能为力，因为雷达发射的电磁波很快就会被海水吸

潜 艇

收，无法用它来探测水下的潜艇。在这种情况下，科学家根据海豚脑中的超声波定位器发明了声呐。

“声呐”这个词是英语缩写的音译，其原意是“声导航和定位”。声呐是海洋中的“千里眼”和“顺风耳”。有了它，不仅可以探测远处的轮船、潜艇，还可以探测海洋中的鱼群、沉船、冰山及水下资源。

声呐的用途十分广泛。在军舰、潜艇、反潜飞机上安装声呐之后，可以准确确定敌方舰艇、鱼雷和水雷的方位。同时，它还能区别前方的目标是鲸鱼还是潜艇，是敌方潜艇还是我方潜艇。在民用方面，它可以使轮船在黑夜和雾天航行时及时发现前方的船只或暗礁；可以告诉渔民哪儿有鱼群；可以用来研究海洋地质，搜寻海下沉船，进行水下通讯联系等等。

猫头鹰的耳朵竟是不对称的

你知道吗

春天到了，爸爸带上小明去爬山，路上不时听到鸟的叫声，爸爸说是猫头鹰的声音，果然，不远处的草地上落着一只受伤的猫头鹰。小明和爸爸赶紧过去看，突然小明发现了问题，它的耳朵是不对称的，于是小明问爸爸："是不是因为它有这个畸形才不能飞了呢？"爸爸听了哈哈大笑："孩子，它这耳朵不对称非但不是畸形，还有特异功能呢！"

物理原理

小明的爸爸说的特异功能是什么呢？实际上，猫头鹰的听觉非常灵敏，在伸手不见五指的黑暗环境中，听觉起主要的定位作用。猫头鹰的左右耳是不对称的，左耳道明显比右耳道宽阔，而且左耳有很发达的耳鼓。大部分猫头鹰还生有一簇耳羽，形成像人一样的耳廓。猫头鹰的听觉神经很发达，一只体重只有 300 克的猫头鹰约有 9.5 万个听觉神经细胞，而体重 600 克左右的乌鸦却只有 2.7 万个。

猫头鹰

另外，猫头鹰脸部密集着生的硬羽组成面盘，而这个面盘是很好的声波收集器。猫头鹰硕大的头使两耳之间的距离较大，这可以增强对声波的分辨率。当一只猫头鹰在黑暗的环境中搜索猎物时，它对声音的第一个反应是转头，如同我们在听微小响动时侧耳倾听一样。但是猫头鹰并不是真正地侧耳倾听，它转头的作用是使声波传到左右耳的时间产生差异。当这种时间差增加到30微秒以上时，猫头鹰即可准确分辨声源的方位。猫头鹰一旦判断出猎物的方位，便迅速出击。

猫头鹰的羽毛非常柔软，翅膀羽毛上有天鹅绒般密生的羽绒，因而猫头鹰飞行时产生的声波频率小于1千赫，而一般哺乳动物的耳朵是感觉不到这么低的频率的。这样无声的出击使猫头鹰的进攻更有“闪电战”的效果。

据研究，猫头鹰在扑击猎物时，它的听觉仍起定位作用。它能根据猎物移动时产生的响动，不断调整扑击方向，最后出爪，一举奏效。当然，猫头鹰在捕食中视觉和听觉的作用是相辅相成的，它正是因为在各方面适应夜行生活而成为一个高效的夜间捕猎能手。

延伸阅读

猫头鹰之所以能成为一个高效的夜间捕猎能手，除了得益于它那不对称的耳朵外，还有其羽毛的独特设计使其行动无声，成为世界上最安静的飞行鸟。兰利研究中心的科学家大卫·洛克德说：“猫头鹰的须边羽毛有助于分解空气经过羽毛时产生的音波。如果将锯齿状突起放在飞机机翼后缘，或者改变空气流动的角度，就可以降低那儿产生的噪音。”

这种独特的羽毛设计给了猫头鹰秘密飞行的能力。无声的飞行使它的听力异常灵敏，它的两只耳朵在头骨上的位置是不对称的，其中一只比另一只更高、更向前一些，而且两只耳朵的形状也有细微的不同。由于耳朵的不对称，通过两只耳朵听到的声音也有细微的不同，这就使它能更加准确地确定声音的来源。

猫头鹰正在捕猎

洛克德说："在航空器设计中，最首要考虑的两个问题就是燃料的燃烧效率和噪音的降低。"美国航空航天局科学家指出："主要机场像芝加哥机场和伦敦希思罗机场都对航空运输每天所产生的噪音量有限制，如果可以降低噪音，就可以增加在这里起飞和降落的航班数量，这对于这些重要机场来说是非常需要的。"

有趣的热学天地

会出“汗”的茶叶

你知道吗

暑假里，外公外婆来小明家做客。小明赶忙从冰箱里拿出爸爸爱喝的茶叶，给外公外婆沏好了茶。

刚准备把茶叶盒放回冰箱里，小明惊奇地发现茶叶盒的外表湿漉漉的，且有水滴顺着外壁往下淌，就像夏天人出汗一样。

茶叶

难道茶叶盒也会“出汗”？他好奇地拿起茶叶盒，认真地看了起来。这是一只纸质的盒子，与普通的盒子相比没什么特别的地方。难道是里面的茶叶放在冰箱里变湿了？小明再次打开茶叶盒，摸了摸里面的茶叶，觉得茶叶并没有湿，用手捏了捏，茶叶还是脆脆的。那茶叶盒外表的小水珠是从哪里来的呢？

物理原理

开学后，小明问过老师才知道，瓶子刚从冰箱里拿出来的时候，其温度比周围空气的温度低，空气中的水蒸气遇到冷的瓶子之后就会放热液化成小水珠附着在瓶子表面，于是，汗就形成了。同样在炎热的夏天，茶叶从冰箱中被取出来之后，其温度比周围温度低，空气中的水蒸气遇到冷的茶叶后会液化成小水珠附着在茶叶上面使茶叶受潮，故不宜马上打开装茶叶的盒子，应该将茶叶放置一段时间，待茶叶的温度与空气的温度差不多时，再打开包装，茶叶才不会受潮。

延伸阅读

同学们有没有做过化学实验呢？

实验室里经常用冷凝水和冷凝管利用放热液化的原理冷凝气体，有易挥发的液体反应物时，为了避免反应物损耗和充分利用原料，要在发生装置上设计冷凝回流装置，使该物质通过冷凝后由气态恢复为液态，从而回流并收集。

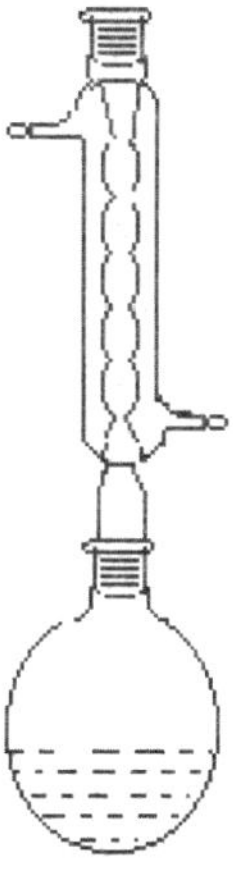

冷凝管

在实验室可通过在发生装置上安装长玻璃管或冷凝回流管等实现。

沙漠里的冰箱不插电吗

你知道吗

住在非洲沙漠中的居民，由于没有电，夏天无法用冰箱保鲜食物。为了解决这个困难，一位发明家在1995年发明出新的冷却系统。它由两个不同直径的陶罐组成，其中较小的一个放置在另一个壶之内。在这两个壶之间的空隙填上湿的沙子，并且让湿沙子一直保持潮湿，如此就使得两个陶罐都是潮湿的。

非洲沙漠

水果、蔬菜及其他软性饮料等，都放在里面较小的陶罐中，上面用湿布盖住，然后放在干燥且通风的地方，并经常在两个罐子间的沙子上洒些水，这样就能起到保鲜的作用，好不神奇！

物理原理

你肯定想象不到原来这个冷却系统所运用的原理是一个简单的物理原理，即两壶空隙之间的沙子中所含的水分朝向外罐的表面蒸发，而靠外罐表面的干燥空气来循环。由于热力学定理，蒸发过程自动造成温度下降好几度，使内罐得以冷却，有害的微生物被摧毁、不易生存，因此内罐就能保存易腐坏的食物。由于两罐间的水不断地蒸发，所以水不断地减少，如果水蒸发干了，它便起不到保鲜的作用了，所以要不停地在两罐间加水。将这种冰箱放在干燥通风的地方可以加快水分的蒸发，冷却的效果会更好。

延伸阅读

那么普通冰箱的工作原理是什么？其冷藏食物可保鲜的原理又是什么呢？

普通冰箱利用从压缩机出来的高温高压制冷蒸汽，通过高压软管进入冷凝器；由于室外温度低于进入冷凝器的制冷剂温度，借助于冷凝风扇的作用，在冷凝器中流动的制冷剂的大部分热量

冰箱

被室外空气带走，从而高温高压气体被冷凝成高温高压的液体。这种高温高压的液体流过节流膨胀阀时，由于节流作用，体积突然变大而降压，变成低压低温的雾状液体进入蒸发器，并在定压下汽化，由于制冷剂在管内汽化时的温度低于蒸发器管外的室内循环风，故它能吸收管外空气中的热量，从而使流经蒸发器的空气温度降低，从而产生制冷降温效果，汽化了的制冷蒸汽被压缩机抽吸压缩，变成高温高压气体，完成一个制冷系统的循环。

其保鲜的原理其实就是通过降低温度降低食物上附着的细菌、微生物的活性或让细菌休眠。如食物在常温下能保存5天，降温后，细菌的活性降低，有些细菌进入休眠状态，就可以让食物保存很多天。

降温不能杀死细菌，只能让它们降低活性或进入休眠状态。要杀菌的话，进行加热就可以。大部分细菌在80℃的时候，经过10—20分钟就被杀灭。夏天食物坏得快，冬天食物不放进冰箱也不容易坏就是这个道理。

善变的"铁娘子"

你知道吗

法国巴黎艾菲尔铁塔自1889年建成以来，已经成为法兰西的象征。这座高达320米的建筑，由12000个金属部件连接，共用钢铁9000多吨。法国人性格温柔细腻，他们不把这座庞然大物称作"大英雄"或"大丈夫"之类，而是将它亲密地称为

“铁娘子”。奇怪的是，这座铁塔只有在夜间才能与地面垂直。上午铁塔向西倾斜 100 毫米，中午向西北倾斜 70 毫米。在冬季气温降低到零下 10℃ 时，塔身比炎热的夏天时矮 17 厘米，“铁娘子”为何如此善变呢？

物理原理

艾菲尔铁塔位于北回归线以北。铁塔是钢铁结构建筑，热胀冷缩程度较明显，所以铁塔必然随温度的变化而变化。白天，铁塔各处光照角度和强度都在变化，各处的温度有差别，膨胀的程度就不同，所以出现偏斜的现象。不同时候偏斜的情况不同：太阳永远在南面照射，白天塔的南部受热多，略微向北倾斜。上午太阳在塔的东部，所以塔的东部受热比较多，膨胀自然向西倾斜，中午太阳在南面，但是累积上午的照射，塔的东南部受热比较多。夜间，铁塔的各部分温度基本相同，所以恢复与地面垂直；而冬季因为气温下降，铁塔收缩，所以铁塔在冬季比在夏季要矮。

延伸阅读

艾菲尔铁塔是法国巴黎著名铁塔，坐落在塞纳河南岸马尔斯广场的北端。1887 年 1 月 26 日动工，1889 年 5 月 15 日开放，距今已有 100 多年的历史了。艾菲尔铁塔和巴黎圣母院、卢浮宫、凯旋门、香榭丽舍大街一样，是巴黎的地标性建筑。

如果说，巴黎圣母院是古代巴黎的象征，那么，艾菲尔铁塔就是现代巴黎的标志。

1889 年适逢法国大革命 100 周年纪念，法国政府决定隆重庆祝，在巴黎举行一次规模空前的世界博览会，以展示工业技术和文化方面的成就，并建造一座象征法国革命和巴黎的纪念碑。筹委会本来希望建造一所古典式的，有雕像、碑体、园林和庙堂的纪念性群体，但在 700 多件应征方案里，选中了桥梁工程师居斯塔·艾菲尔的设计：一座象征机器文明、在巴黎任何角落都能望见的巨塔。

艾菲尔的半身铜像

浪漫的巴黎人给铁塔取了一个美丽的名字——“云中牧女”。以设计人法国著名建筑工程师艾菲尔的名字命名，并在塔下为艾菲尔塑了一座半身铜像。

柱子降温为哪般

你知道吗

我国用冰降温有悠久的历史，早在3000年前《诗经》中就有冬天凿冰，藏进冰窖的记载。周朝王宫里就设有专门负责管冰的“凌人”。冬天凿冰保存，夏天用冰解暑的做法一直延续到清朝。北京有个地名为“冰窖口”，就是由此得名的。

2000多年前，秦王建造了一座宫殿，非常豪华。特别奇妙的是，在炎热的夏天，这座宫殿里却冷气沁人，如同进了水晶宫，正因如此，人们把这座宫殿叫做秦王的水晶宫。

从表面上看，这座建筑除了有较多的铜柱外，再没有什么特殊的地方。为什么秦王的水晶宫里会有这样低的温度呢？

物理原理

奥妙就出在这一根根铜柱上。秦王的水晶宫里的这些铜柱不仅有支持屋顶的功能，能使宫殿里显得高贵豪华，还是殿里降低温度的装置。原来这一根根铜柱全是空心的，每当盛夏到来之际，人们便把冬天收藏在冰窖里的天然冰装进铜柱里，这就是秦王水晶宫温度降低的原因。

为什么把冰装到铜柱里可以降低宫殿里的温度呢？我们知道，任何一种晶体物质由固态变成同温度的液态时，都要吸收一定的热量。0℃的冰溶解成同温度的水也要吸热，而且冰溶解成水吸收的热量远远大于别的物质溶解时吸收的热量。另外，铜是传热的良好材料，当铜柱里的冰溶解时，铜柱能很好地从周围吸热。这样，整个宫殿里的温度就会大大降低了。

延伸阅读

再来看看，大雪天人们经常用盐化冰。这是为什么呢？温度越来越低，盐怎么能使冰融化呢？原来这是利用溶质的依数性原理。就是说溶质的浓度越高，溶液的沸点越高，凝固点越低，撒盐就是让冰雪变成盐水，盐水的溶点比水低，冰雪上撒盐可以让它低于零度的时候融化。

机械化撒盐除雪车

其实允许用来化雪的盐主要有三种：氯化钠（食盐）、氯化钙和氯化镁。氯化钠在医学上无危险，它的溶点也较高，所以可以推断，它主要用在不太寒冷的地区，比如南方。而对付较寒冷地区的冰雪，就要用到锐利武器——氯化镁了。即便街道上的雪被冻得坚硬无比，氯化镁溶液也能将其一扫而光。

存在的问题是化冰盐水与钢板的化学反应会全面侵蚀汽车。更严重的是，如果盐水腐蚀到了刹车装置，就会导致刹车距离明显变长。当然，不论你的车遭遇哪种盐水的洗礼，都必须及时清除残液。至于会对车产生多大的副作用，有多大的危险，还取决于所使用盐水的种类、浓度和事后你对车采取的保养措施。为了你的爱车，请不要偷懒，不要让盐水伤害它。

拔火罐的秘密

你知道吗

奶奶最近可能是受凉了，老是背疼，她不停地念叨着要是有个人帮她拔个火罐，她肯定就能舒服不少。

小明很好奇，他问奶奶，拔火罐怎么能治病呢？至于原因奶奶也说不上来，只是说很久以前人们就懂得用这个方法，并且还挺管用。

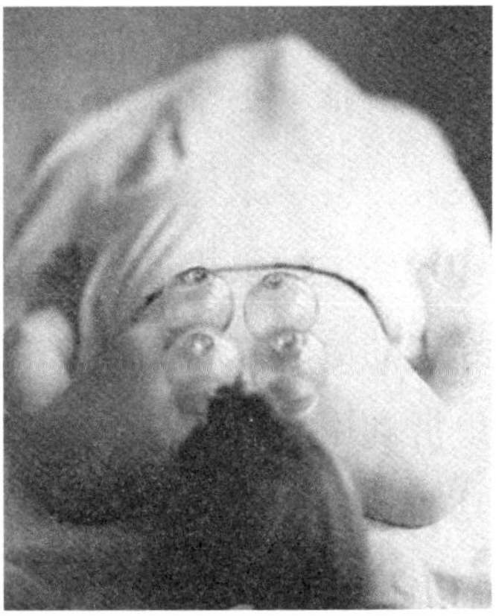

拔火罐

物理原理

下面让我们来模拟一下拔火罐的场景：找一个水杯或玻璃罐

头瓶，一块旧棉布。把棉布用水浸湿后，叠成几层，平放在桌面上，然后往瓶里放上一团棉花，用火点燃，不等火熄灭，就赶快把瓶子扣在湿布上，瓶子就把布吸住了。

这是因为瓶里的空气有一部分受热膨胀后跑掉了，瓶子扣在湿布上以后，里边空气很快凉下来，瓶里空气的压强小于外面空气的压强，在里外压力差的作用下，湿布就好像被一只无形的手按住一样，掉不下来了。拔火罐就利用了这个原理。拔过火罐的人都会感觉到，在罐口处有一股向上拔的劲，就是这股劲促进机体的新陈代谢，达到一定的治疗目的。拔火罐的医疗方法在我国已有很悠久的历史，大约在公元4世纪就开始被使用了。这说明在1600多年前，我们的祖先就已知道气体热胀冷缩的现象，并且利用了它。

延伸阅读

可是，为了证明大气有压力存在，以及测定大气压强到底有多大，科学家们却花费了大量的精力。著名的科学家伽利略，虽然发现了抽水机桶不能把水吸到高于9.8米的高度，但是无法解释它的原因。直到他去世后的一年（1643年），才由他的学生托里拆利用大气的压强进行了解释。当时托里拆利测得大气的压强是76厘米水银柱高，即 1.01×10^5 牛顿/米^2。不久，托里拆利的解释被实验证实，其中最有名的实验，就是德国科学家冯·葛利克于1654年进行的。他用铜做了两个中空的半圆球，直径是1.2英尺（约合37厘米），两个半球的边缘都镶了涂有油脂的皮圈，使它们合在一起的时候不会漏气。起先，把这两个半球合在一起，轻轻地一拉，它们就分开了。接着，又把这两个球粘在一起，抽去球内的空气。这次人再也拉不开了，改用16匹马，一边8匹，向相反的方向拉，才把铜球拉开。这是因为抽气前，球内外所受的气压相同，轻轻用力就可以把两个半球分开；抽气以后，球内的气压很低，几乎没有，铜球受到外部气压的作用，被紧紧地压在一起，据计算这种压力大约有2100多千克，难怪人很难把它拉开。

以后科学家们还发现，一定气体的压强还随着温度的升高而增大。明白了这个道理，我们就可以解释日常生活中的许多现象，如用高压锅做好饭后，为什么不能马上打开锅盖；为什么爆米花机能把结实的米粒爆成松脆的米花等等。

爆米花

是“泡沫塑料”还是豆腐呢

你知道吗

寒冷的冬天，吃上一碗热乎乎的冻豆腐，那真算得上一种别具风味的美食呢！不知你观察过没有，豆腐本来是光滑细嫩的，冰冻以后，它的模样为什么会变得布满了小孔、像泡沫塑料一样呢？

冻豆腐

物理原理

原来，豆腐的内部有无数的小孔，这些小孔大小不一，有的互相连通，有的闭合成一个个小“容器”，这些小孔里面都充满了水分。我们知道，水有一种奇异的特性：在4℃时，它的密度最大，体积最小；到0℃时，结成了冰，它的体积不是缩小而是胀大了，比常温时水的体积要大10%左右。当豆腐的温度降到

0℃以下时，里面的水分结成冰，原来的小孔便被冰撑大了，整块豆腐就被挤压成网格形状。等到冰融化成水、从豆腐里跑掉以后，就留下了数不清的孔洞，使豆腐变得像泡沫塑料一样。冻豆腐经过烹调，这些孔洞里都被灌进了汤汁，吃起来不但富有弹性，而且味道也格外鲜美可口。

延伸阅读

很早以前，我国人民就已经懂得了冰冻膨胀的原理，并利用它来开采石头：冬天，他们在岩石缝里灌满水，让水结冰膨大，把巨大的山石撑得四分五裂，很快就能采到大量的石料。

近年来，工业生产上出现了一种巧妙的新工艺——“冰冻成型”，也是冰冻膨胀原理的应用。办法是：根据零件的形状，用强度很大的金属，做一个凹形的阴模和一个凸形的阳模，把要加工的金属板放在两个模的中间，在阳模和密闭的外壳之间，灌满4℃左右的水，然后把这个装置冷却到0℃以下。这时，由于水结冰，体积膨胀，所产生的巨大力量把阳模压向阴模，便把金属板压成一定形状的部件了。

由于水在4℃时的密度最大，体积最小，水温低于4℃时体积反而增大，所以，在4℃时水就不再上下对流了。因此，到了冬季，寒冷地区的江河湖海，表面上虽然结了厚厚的冰层，但下面水的温度却保持在4℃左右，这就给水生物创造了生存的环境。

爱斯基摩人的冰屋

你知道吗

在北极圈内，有取之不尽的冰，又有用之不竭的水。每当冬天到来之前，爱斯基摩人都要建造冰屋。他们就地取材，先把冰加工成一块块规则的长方体，这就是“砖”；用水作为“泥”。材料准备好以后，他们在选择好的地方，泼上一些水，垒上一些冰块，再泼一些水，再垒一些冰块；前边不断地垒着，后边不断地冻结着，垒完的房屋就成为一个冻结成整体的冰屋。这种房屋很结实，被誉为爱斯基摩人的令人羡慕的艺术杰作。可是冰是冷的象征，一提到它，人们就会不寒而栗。爱斯基摩人的冰屋是怎样起到保暖防寒作用的呢？难道此冰非彼冰也？

物理原理

首先，由于冰屋结实不透风，能够把寒风拒之屋外，所以住在冰屋里的人，可以免受寒风的袭击。

其次，冰是热的不良导体，能很好地隔热，屋里的热量几乎不能通过冰墙传导到屋外。

再次，冻结成一体的冰屋，没有窗子，门口挂着兽皮门帘，这样可以大大减少屋内外空气的对流。

正因为如此，冰屋内的温度可以保持在零下几摄氏度到十几摄氏度，这相对于零下 50 多摄氏度的屋外，要暖和多了。爱斯基

爱斯基摩人的冰屋

摩人穿上皮衣，在这样的冰屋里完全可以安全过冬了。当然，冰屋里的温度比起我们冬天的室内温度要低得多，而且冰屋里也不允许生火取暖，因为冰在0℃以上就会融化成水。

延伸阅读

那么，你能解释冬天下层的河水不冻的原因了吗？这是水的特性造成的：水在0℃ ~4℃具有反常膨胀的性质，而一般的物质不具备；温度在4℃之上的水依然遵循一般物质热膨胀的性质。

实际情况是水的体积在4℃时最小，在0℃时最大。跟一切物质一样，水的质量是不随温度变化的，根据密度概念$\rho = mV$，知道水的密度在4℃时最大，在0℃时最小。再依据物体浮沉条件，知道密度小的水（物质）在上方，密度大的水在下方。冬

人们在冰冻的湖面上垂钓

天结冰后，冻不实心的河水上层会结冰；冰下面的温度依次是0℃、1℃、2℃、3℃、4℃，因此下层河水都在0℃以上，不会结冰。

另外，冰是热的不良导体，厚厚的冰层更利于防止热量传递，使冰层下面的水的热量不易散发出去而凝结成冰，因此大量的生物得以在水中生存、繁衍。

以火灭火

你知道吗

我们都有这样的基本常识：水能灭火。但是火能灭火恐怕你没听说过吧？我们来看个小故事：一天，一群游客正在一望无际的大草原上快乐地追逐嬉戏。突然，他们身后冒出一团大火，直向游客们扑来。就在这危难关头，一位老猎人出现在游客们的面前："各位，别跑了，大家还是听我的话，动手扯掉这一片干草，清出一块地面来。”游客们见是一位老猎手，就马上按照他的吩咐，七手八脚地猛干起来，很快清出了一大块地面。

火能灭火

火是从北面烧过来的，老猎人让大家站在空地的南端，自己跑到空地的北端，并把草堆搬到北边去。望着渐渐靠近的大火，游客中有人恐慌地问：“老猎人，火再烧过来怎么办？”“别急，我自有办法。”一会儿，大火快烧近时，老猎人才拿了一束很干的草点燃起来，堆在游客北面的草立刻熊熊地烧着了。不一会儿，这两股火竟然打起架来，火势也逐渐变小，留给游客的空间越来越大。两股大火斗了一阵子，终于“精疲力竭”，慢慢地熄灭了下来。获救的游客都很迷惑地向老猎人问道：“火怎么能扑灭火呢，不应是助长火焰的吗？”

物理原理

原来，在烈火上面的空气受热后会变轻而上升，各方面的冷空气就会去补充，这样，在火的边界附近，一定会有迎着火焰流去的气流。等到他们北面的大火接近草堆时，他们把草堆点燃，这边的火就会朝着风的相反方向蔓延开去，两股火后面的草都没有了，就会渐渐熄灭。当然，火不能点燃得太早，也不能太迟。

发生大火的时候，在火区的下风地段，虽然空气从燃烧着的森林那边向这边吹来，可是在靠近大火的地方，有与大火前进方向相反的气流朝火焰流去，原因是火海上面的空气受热以后密度变小，不断上升，周围的空气不断补充流入。这样，在大火的边界附近就会产生迎着火焰流去的气流，觉察出已经有空气向火焰流去的时候，应立即迎着火焰放火，使新火焰朝着猖獗的火海前进。这样就可以先烧掉下风段与火海之间的易燃物质，使大火无法蔓延。

延伸阅读

随着近年来森林资源的迅速发展，植被、枯枝的增厚，森林火灾越发猖獗，一旦起火往往形成3～4米的高强度林火，强大的热辐射使扑火人员在10米以外都难以靠近，以火灭火就是利用林火的两重性，在林火蔓延的前方烧出一条足以阻隔林火蔓延的隔离带，以达到灭火的目的。

从2001年开始，我国消防人员在部分火灾扑救中进行了以火灭火的尝试，效果非常理想。目前，森林消防队员赴火场扑救时都外带一只打火机。只要条件成熟，就利用以火灭火的技术。不过这项技术不是人人都可以掌握的，火场的火情千变万化，以火灭火的关键技术是：不论火场发生什么样的变化，各环境因子如何恶劣（如风向、风力、地形、地势、植被高度、飞火等），我们始终能控制自己点的火，迫使林火根据我们的意图燃烧。其要点有：

（1）点烧方法的选择。有线状点烧法（也叫一条龙点烧法）、棋子点烧法、不利条件下的点烧法。

（2）点火部位的选择。点火的位置一般选择在易于控制、离

森林大火

火场火头较近的地方，有利于利用火场风把火焰拉向火场，产生火龙柱，收到事半功倍的效果。

(3) 火场风和自然风的利用。火场风是火场燃烧过程中热烟(气团)上升，周围冷空气补充而引起的地面上气流向火点运动的现象。火场风是小范围内的气候特殊现象，受周围火环境因子影响较大，利用火场风可以增加以火灭火的速度和功效，还能有效保证扑救人员的安全。自然风有顺风和逆风之分，以及风力大小等，因此要因地制宜，灵活应用。

(4) 地形地物的利用。大片露岩、江河、溪流、公路、防火林带等要充分利用，尽可能减少林木损失，减少失火面积。

(5) 时间的确定。对点火时间的要求是点火后能形成向火场方向的地面大气流。点火过早，容易形成新的火场，不易控制，易出危险；点火过迟，防火带宽度不够，达不到灭火的目的。

气温越高越热吗

你知道吗

人们常说“热在三伏”，但翻开气象资料一看，多数地区的最高气温并不出现在三伏，而是在三伏前后，这是为什么呢？你可能还有这样的体会，在旋转的电风扇下，往往感觉到电风扇吹出的风是凉爽的，但拿一根温度计放在电风扇前吹，就会发现温度计显示的室温并没有下降，这又是为什么呢？

物理原理

原来这都是空气湿度造成的。湿度对人的冷热感觉的影响，是由空气的相对湿度决定的。天气炎热时，人体为了使体温保持在37℃左右，就要不断地向体外散发热量，它主要是通过汗腺向体外分泌汗水，利用汗水蒸发吸收热量，将热量带走。汗液的分子从汗液表面跑出来成为水蒸气分子，如果人处在一个空气相对静止的环境中，这些水蒸气分子就会滞留在人体皮肤附近，形成一个“保温层”，“保温层”中水蒸气越来越接近饱和状态（空气相对湿度越来越大），结果汗水蒸发速度越来越慢，使人感到

吹电风扇会感到凉爽

闷热。

这时如果有一股风吹来或打开电风扇，“保温层”就会被吹走，人体周围的空气相对湿度将减少，汗水蒸发速度增大，使人有一种凉爽的感觉。而电风扇吹风使人感到凉爽，也是因为风改变了空气湿度的缘故。

延伸阅读

人体的冷热感觉除了与空气的温度和湿度有关外，跟风力也有很大的关系。冬天，在刮风的天气里坐在奔驰的敞篷汽车上时，人似乎感觉到更冷一些，这是因为风能把人体周围的空气“保温层”吹散，把热量带走。在一定的数值范围内，一般风力越大，人体散热也越快、越多。

在大量医学气象科学试验中，人们找到了风力大小和人体冷热感觉的关系：当气温为10℃，3级风时，人的感觉气温为5℃；当气温为1.1℃，2级风时，人的感觉气温为零下2.8℃；5级风时，人的感觉气温会降至零下15.5℃。根据实验，大致可得出这样的结论：当气温在0℃以上时，风力每增加2级，人的感觉温度会下降3℃～5℃；气温在0℃以下时，风力每增加2级，人的感觉温度会下降6℃～8℃。

由此可见，在日常生活中，当你根据天气预报增减衣服时，除了要注意气温的高低外，还要考虑空气湿度和风力的大小。这样才能使你的衣着和寒暑冷暖相宜。

许多人习惯只以气温的高低作为推断人体冷热感觉（感觉温度）的唯一标准，其实，人体的感觉温度和实际气温有时相差甚远。夏天游泳后刚从水中上岸时感到凉爽，如果有风，甚至会冷得打颤。这些都说明大气环境对人体的影响是综合的。决定人体冷热感觉的主要因素除温度外，还有湿度和风力，这三者都不可忽视。

巧妙的水浴

你知道吗

有经验的木工师傅熬熔黏胶的时候，不是直接把盛胶的锅放在火上加热，而是按照图中的方式，把胶锅放在盛水的铁桶里，但又不跟桶底直接接触，这样来间接加热，既能把胶熔化，又不会把胶烧焦。这种间接加热的装置，叫做“水浴”。各种酒以及其他一些有机物质是容易燃烧的，对它们加热的时候，为了安全起见，也大都是用“水浴”。

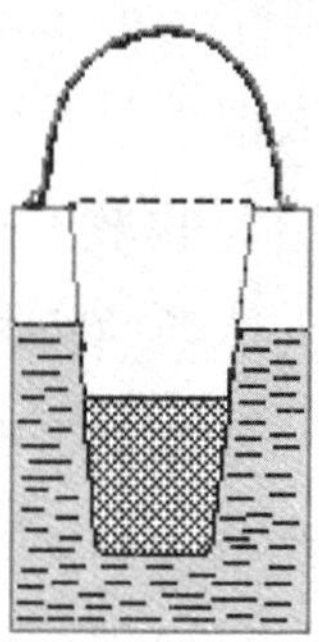

水浴示意图

用“水浴”来加热东西，不但传热缓和均匀，而且不会使被加热的物质着火或烧焦。那么，它的奥妙在哪里呢？

物理原理

生活经验告诉我们：热量只能在温度不同的物体之间传递，并且是从较热的地方流到较冷的地方，即从温度较高的地方流向温度较低的地方。温度相同的物体之间是不会发生热传递的。用

“水浴”加热东西的时候，开始由于水的温度不断上升，比被加热物质的温度高，所以水能把热传给被加热的物质。当水被加热到沸腾的时候，即使继续加热，温度也不会再上升了。等到被加热的物质和开水的温度相同时，它们之间的热量传递就停止了。因此，在标准状况下，它们的温度超不过100℃。这个温度低于被加热物质的燃烧温度，所以，它们只能被加热或者熔化，而不会着火或烧焦。

汤、菜烧熟以后，如果暂时不吃，而又想保持汤、菜不凉，鲜美的味道不变，也可以用“水浴”来保温或加热。

延伸阅读

细心的人会发现，鸡蛋刚从滚开的水里取出来的时候，如果急于剥壳吃蛋，就难免连壳带“肉”一起剥下来。要解决这个问题，有一个诀窍，就是把刚出锅的鸡蛋先放在凉水中浸一会，然后再剥，蛋壳就容易剥下来。

剥鸡蛋壳也有窍门

一般的物质（少数几种例外），都具有热胀冷缩的特性。可是，不同的物质受热或冷却的时候，伸缩的速度和幅度各不相同。一般说来，密度小的物质要比密度大的物质容易发生伸缩，伸缩的幅度也大，传热快的物质要比传热慢的物质容易伸缩。鸡蛋是硬的蛋壳和软的蛋白、蛋黄组成的，它们的伸缩情况是不一样的。在温度变化不大，或变化比较缓慢均匀的情况下，还显不出什么；一旦温度剧烈变化，蛋壳和蛋白的伸缩步调就不一致了。把煮得滚烫的鸡蛋立即浸入冷水里，蛋壳温度降低，很快收缩，而蛋白仍然是原来的温度，还没有收缩，这时就有一小部分蛋白被蛋壳压挤到蛋的空头处。随后蛋白又因为温度降低而逐渐收缩，而这时蛋壳的收缩已经很缓慢了，这样就使蛋白与蛋壳脱离开来，因此，剥起来就不会连壳带“肉”一起下来了。

明白了这个道理，对我们很有用处。凡需要经受较大温度变化的东西，如果它们是用两种不同材料合在一起做的，那么在选择材料的时候，就必须考虑它们的热膨胀性质，两者越接近越好。工程师在设计房屋和桥梁时，都广泛采用钢筋混凝土，就是因为钢材和混凝土的膨胀程度几乎完全一样，尽管春夏秋冬的温度不同，也不会产生有害的作用力，所以钢筋混凝土的建筑十分坚固。

真的有“响水不开，开水不响”这回事吗

你知道吗

有一天，小明在刷牙时，妈妈把电水壶灌满水，插上插头就走了。过了一会儿，电水壶发出响声，小明以为水开了，赶紧叫

妈妈。可妈妈说："水还没开呢。"他把盖打开，一看水果然没开。小明很好奇，就和妈妈一起观察起来：先听见像潮水一样的声音，他们目不转睛地看着，突然，发现水面上有一个个像针眼

一样的小点，再仔细一看，才知道这是许许多多的小气泡，还没升到水面就破了，而且小气泡越来越多，声音越来越响，像潮水越来越近。渐渐地，渐渐地，"潮水"的声音轻起来了，他们发现从水底钻出一群"鱼儿"，不断地翻滚着，大气泡大起来、多起来了，在水中漂着，水面上简直成了大气泡的海洋。"潮水"远了、没了，这时小明抬头一看，哇！满屋子都是水蒸气，连镜子都模糊了。妈妈盖上盖子，一会儿就听到"呜——"的响声，这时妈妈说水开了。可小明始终弄不明白，心想：这"响水不开，开水不响"到底是什么道理呢？

物理原理

妈妈看出了小明的疑惑，解释道，响水不开是因为水还没开，下面的水热，上面的水冷，而且气泡遇到较冷的水就会缩小，所以许许多多的小气泡上升的时候会越来越小，没到水面就破了，发出了像潮水一样的声音，而水却没开。开水不响是因为上下的水已经一样热了，大气泡"安全"地升到水面才破，所以水开了，但没有响声。

延伸阅读

说到水壶，我们也来了解一下电水壶三重安全保护功能的工作原理吧。

电水壶

（1）水沸自动关熄功能。接通电源后，利用发热盘（管）将电能转换为热能给壶中清水加热，待水沸腾时，温控器起作用，自动切断电源。

（2）防干烧功能。干烧温控是通过硅脂（导热体）紧贴于发热管（盘），当发热管（盘）的温度达到超高温时（即非正常工作状态，如：产品在无水状态下加热，水沸自动关熄功能失效，则自动切断电源，从而避免产品因温度不断上升引起火灾等。但需强调的是：在使用中应尽量避免干烧，这会对产品造成损害，缩短其使用寿命。

（3）熔断保护功能。在防干烧功能失效或电路出现短路的情况下才启动。该保护器熔断后是不可恢复的，必须到指定的维修点更换新的熔断保护器或温控器。

运动的奇妙世界

西瓜怎么变成了炮弹

你知道吗

你听说过下面这个故事吗？1924 年在欧洲某国举行了一场汽车竞赛。沿途的农民看到汽车从身旁飞驰而过，为了表示祝贺，农民向赛车手们扔去西瓜，以此犒劳他们。不料这好心的礼物竟像炮弹一样，把汽车砸坏了，赛车手也受了重伤。这就是历史上有名的“西瓜炮弹”事件。小小的西瓜怎么会对汽车和赛车手造成这么大的伤害呢？真是难以想象！

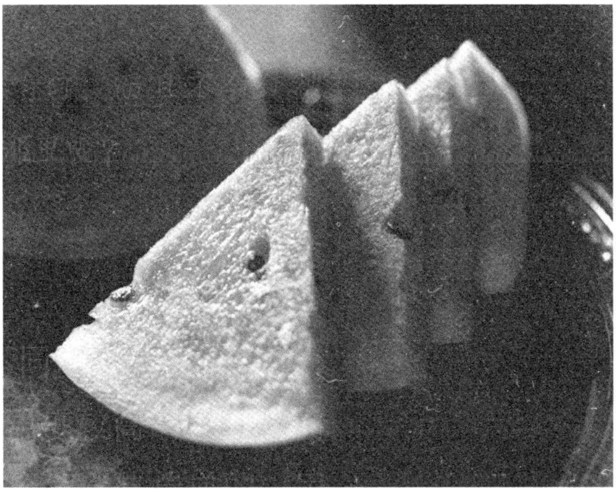

西瓜也能成炮弹

物理原理

事出有因，先看一个物理小知识。物体由于运动而具有的能量叫做动能，而影响物体动能大小的因素有两个：物体的质量和物体运动的速度。原来，虽然西瓜的质量很小，但相对于汽车和赛车手来说，西瓜具有较大的速度，所以西瓜的动能很大，自然也就可以伤害到汽车和人了。这也是“9·11”事件中的纽约世界贸易中心双子大厦在小小飞机的冲撞下弱不禁风的原因，同时也可以解释小小飞鸟可以撞毁飞机这件不可思议的事情。

延伸阅读

一只小鸟跟一架飞机相比，可真是小巫见大巫，渺小得很，可飞机这样的庞然大物何以会如此惧怕区区小鸟？小小鸟儿真具有如此“神力”，居然能将飞机这样的庞然大物撞毁于弹指之间？

因为飞机的相对速度大，与物体相撞后的力量就大。超过飞

鸟撞飞机示意图

机某一部件的承受力，就有可能损坏飞机的机体或零部件，严重的就直接威胁飞行安全。当鸟与飞机相向飞行时，虽然鸟飞行的速度不会很快，但飞机的飞行速度很快，鸟对飞机造成的撞击会非常大。鸟利用气流，飞上万米高空，到达与飞机飞行高度一致的平流层，而在该高度飞机飞行速度通常都在500千米/小时以上。

据权威统计，全世界每年大约发生1万起鸟撞飞机事件。自1960年以来，世界范围内由于飞鸟的撞击至少造成了78架民用飞机损失、201人丧生，250架军用飞机损失、120名飞行员丧生。目前，国际航空联合会已把鸟害升级为“A”类航空灾难。

鸟重0.45千克，飞机速度80千米/小时，相撞将产生1500牛顿的力。

鸟重0.45千克，飞机速度960千米/小时，相撞将产生21.6万牛顿的力。

鸟重1.8千克，飞机速度700千米/小时，相撞将产生比炮弹还大的冲击力。

犬鼠洞穴的物理秘密

你知道吗

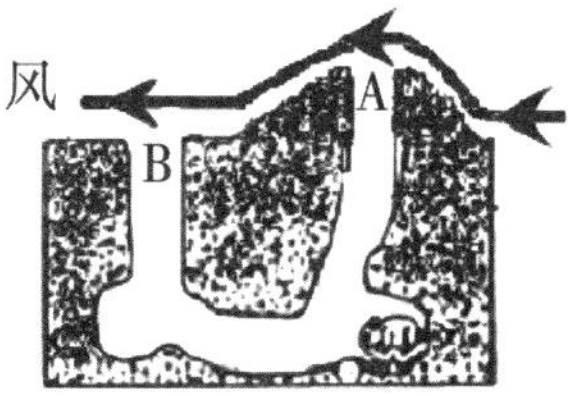

右图是非洲草原犬鼠洞穴的横截面示意图，犬鼠的洞穴有两个出口，一个是平的，另一个则是隆起的土堆，生物学家不是很清楚其中的原因，他们猜想：草原犬

鼠把其中的一个洞口堆成土包状，是为了建一处视野开阔的瞭望台。但是如果这一猜想成立的话，草原犬鼠又为什么不在两个洞口都堆上土包呢？那样不是有两个瞭望台了吗？

物理原理

实际上两个洞口形状不同，决定了洞穴中空气的流动方向。吹过平坦表面的风运动速度小，压强大；吹过隆起表面的风流速大，压强小。因此，地面上的风吹进了犬鼠的洞穴，给犬鼠带去了习习凉风。相同时间风运动的路程长，速度小；路程短，速度大。小小的犬鼠还真会利用物理知识呢！

非洲犬鼠

延伸阅读

那么试想想：我们在候车的时候，工作人员指示必须要站在安全线以外，这是不是也应用了上面的物理知识呢？没错，运动的火车周围的空气速度大、压强小，乘客靠近运动的火车易被“吸”上火车，发生事故，所以必须站在安全线以外的位置。

等地铁或火车时要站在安全线外

谁是交通事故的隐形杀手

你知道吗

为了提醒司机朋友在雨雪天气里注意行车安全，路上经常贴着这样的警告牌，“路滑，减速慢行”。这有什么额外的警示作用呢？这里面的道理你能说出几分？

物理原理

首先，司机从看到情况需要刹车到肌肉动作操纵制动器来刹车需要一段时间，这段时间叫做反应时间；在这段时间里汽车保持原速前进一段距离，叫做反应距离；从操纵制动器到汽车停下来时，因为一切物体都有保持运动状态不变的特性，即惯性，汽车又要前行一段距离，这段距离叫做制动距离。

汽车正常行驶时，车轮与地面间的摩擦是滚动摩擦。刹车后，由于惯性汽车还会向前滑行一段距离。雨雪天，道路较滑，汽车所受的摩擦力较小，在相同情况下，汽车制动后滑行的距离变长，汽车较难停下来，因此为安全起见，要减速行驶。

延伸阅读

航天工程师指令火箭自西向东改变飞行状态也是跟惯性有关。2003 年 10 月 15 日 9 时，举国上下期盼已久的神舟五号载人飞船在酒泉卫星发射中心发射升空后，准确进入预定轨道，中国首位

“神舟五号”发射升空

航天员杨利伟被顺利送上太空！

“长征”号火箭载着“神舟”升空的途中，在到达一定高度后，就要自西向东改变飞行姿态，最终将飞船送入预定轨道。为什么要自西向东改变飞行姿态呢？

因为原来耸立在发射场上的火箭随地球一起自西向东运动，当火箭竖直向上起飞后，由于惯性，它仍保持原来自西向东的速度。当火箭飞到一定高度后，就可以利用它的惯性，自西向东顺势地改变火箭的飞行姿态，以较少的燃料顺利地将飞船送入预定轨道。

兔子为何在比赛中输给了乌龟

你知道吗

龟兔赛跑的故事大家都很熟悉吧。比赛前，兔子向动物们夸耀它的速度。“我从来没有失败过，”它说，“当我奔跑时，没有人比我跑得更快。”而乌龟平静地说：“我要与你比赛。”“真是天大的笑话，我可以边玩边和你赛跑。”兔子用鄙夷的口气说。

比赛开始了，一眨眼工夫，兔子已经跑得不见踪影，但是它觉得自己跑得快，对比赛掉以轻心，躺在路边睡着了。

而乌龟慢腾腾地，却持续不停地走，当兔子一觉醒来，它看到乌龟已经到终点了。兔子输了比赛。这个故事让我们在赞赏乌龟坚持不懈的同时，不免要批评兔子的骄傲轻敌。从运动学的角度来看，在整个比赛过程中谁跑得快？谁的平均速度大呢？

物理原理

老师给的答案是：乌龟跑得快，乌龟的平均速度大。可不是嘛，速度是描述物体运动快慢的物理量。在相同的时间内，物体经过的路程越长，它的速度越大；物体经过相同的路程，所花的时间越短，速度越大。记住，速度等于运动物体在单位时间内通过的路程。

龟兔赛跑

看看乌龟和兔子，从瞬时速度来看，兔子必然要大上乌龟好多倍，但在整个比赛过程中，乌龟和兔子经过的总路程完全一样，兔子睡了觉浪费了时间，使乌龟花费了较少的时间抢先到达了终点，因此，乌龟的平均速度大，乌龟跑得快！

延伸阅读

同样是跑步比赛，马拉松又在速度及其他方面有哪些技巧呢？

1. 将跟随进行到底

因为多数都是长期坚持锻炼的人，所以彼此都能找到跟随的“目标”；因为路线的设计方面肯定有顺风和逆风，而跟随跑则是最佳的选择，一来可以找到一面“挡风墙”，二来可以随时“干掉”对方，实现在对方体力下降的情况下的超越，收到“一举两得”的效果。

2. 快慢结合，张弛有度

如果以很慢的速度跑下来肯定会很轻松，但成绩相对就差些了。因为事先制定了目标，所以在比赛中可以根据时间和节奏进行调整，在状态好的时候尽量拉大与对方的差距，以确立在体力下降后的“心理优势”。

不过面对对方的变速跑，千万不要盲目跟从，如果是高于自己的速度又不足以把自己的体力提前拖垮的话，就可以有战术性的跟跑，再通过途中对方的体力变化进行降速和加速超越，正所谓“快慢结合，张弛有度”。这不也是以平均速度大取胜的嘛！

孙悟空是如何腾云驾雾的

你知道吗

《西游记》是大家比较熟悉和喜欢的电视剧，其中正直勇敢、神通广大的孙悟空给人们留下了深刻的印象。电视剧中常常有他翻山越岭、腾云驾雾的镜头。虽然我们都知道这是神话传说，但是善于思考的同学一定会问，孙悟空腾云驾雾的镜头是怎么拍出来的呢？难道是在孙悟空扮演者六小龄童的身上安装了“飞行器”吗？

孙悟空

物理原理

其实，在我们看来十分神奇的“腾云驾雾”等镜头的拍摄，是运用了物理学的运动相对性原理。

我们知道，平时我们所说的运动和静止都是相对的，是相对于我们假定不动的参照物而言的。如果我们坐在封闭的火车厢里，那么我们将无法知道火车究竟是静止的还是匀速行驶的，只有拉开窗帘，看到铁轨旁的树木、村庄等参照物时，根据它们的位置是否发生变化，才能判断出来。

利用运动相对性，我们就可以拍摄孙悟空的“腾云驾雾”镜头了。如拍摄孙悟空腾云远去的镜头：先分别拍摄孙悟空的动作镜头和景物镜头，即先拍摄孙悟空在“云朵”上的动作造型，再拍摄天空中的白云，地上的山峰、湖泊等背景，然后将两组画面放在“特技机”里叠合，叠合时迅速地移动背景上的白云和山河湖海做参照，就有了孙悟空“腾云远去”的感觉。

这种特技镜头在电影、电视中的运用相当广泛，如拍摄飞行的飞机里或奔驰的火车车厢里的镜头，拍摄时只要演员在飞机或火车的模型里表演，迅速地拉动背景上的蓝天、白云、田野就可以了。放映这样拍下来的影片时，人们就会产生飞机或火车向前运动的感觉。

随着科学的进步与发展，这种“背景拍摄法”也慢慢地落伍了，现在更多的是采用三维动画和电脑合成，这样得到的效果更加自然和逼真。

延伸阅读

电视已成了我们生活的一部分，电视通讯是与千家万户密切相关的事情。如果用中继站传播，每隔 50 千米就要建设一个中继站，要耗费大量的人力、物力；如果用同步通讯卫星，像我们这样大的国家只要一颗卫星，就连边远地区也能收到中央台或其他省市的电视节目了；如果在

地球同步卫星示意图

同步轨道上间隔地放上三颗同步通讯卫星，就能实现全球通讯。

什么是同步通讯卫星？当卫星在赤道上空35786千米高的圆形轨道上由西向东运行1周时，恰好是23小时56分4秒，正好与地球自转1周的时间相同，由于卫星环绕周期等于地球自转周期，两者方向又一致，故相互之间保持相对静止，这就是同步卫星名称的由来。

发射同步通讯卫星要经过复杂的轨道控制和卫星状态控制，任何一个环节出现差错，就会造成全局的失败。目前仅美国、俄罗斯、法国、日本和中国能独立发射同步通讯卫星。

其实只要留心观察，生活中运动和静止相对性的案例很多。比如两架飞机在空中加油，空间站两艘宇宙飞船的对接，在体育比赛中两名接力赛运动员在高速运动中交接接力棒，还有马拉松比赛中给运动员递饮料，等等。

人的手真能抓住子弹吗

你知道吗

第一次世界大战期间，一名法国飞行员在2000米高空飞行的时候，发现脸旁有一个小东西，于是敏锐地将它抓住，令他吃惊的是，抓住的竟是一颗德国子弹！

物理原理

应用物理小知识就不难解释这个道理了。自然界中的一切物

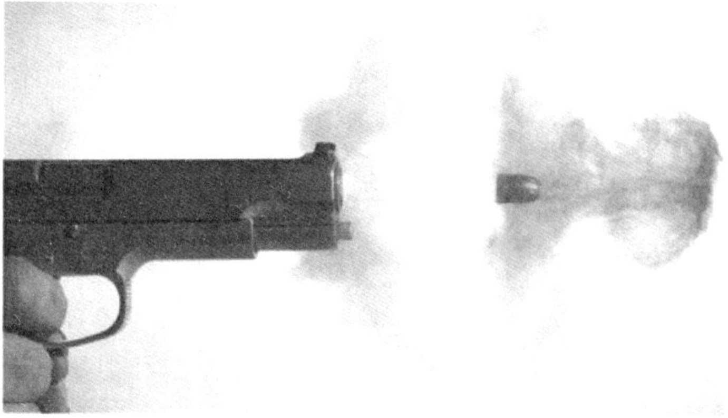

子弹发射的瞬间

体都在运动，我们平时所说的运动和静止是相对于参照物而言的。两个运动物体运动的快慢相同，运动的方向相同，我们就说这两个物体相对静止，否则就是相对运动。

子弹相对于飞行员几乎是静止的，运动和静止是相对的，这在日常生活中随处可见，如同步地球卫星相对于地球是静止的，地球相对于太阳是运动的。

延伸阅读

了解了有关同步卫星的知识，那么我们常在新闻中听到的极轨卫星又和它有什么差别呢？极轨卫星所在的瞬时轨道平面与太阳始终保持固定的取向，可以使得卫星所经过地点的地方时基本相同，卫星遥感探测资料具有长期可比性。由于这种卫星轨道的倾角接近90°，卫星近乎通过极地，所以称它为“近极地太阳同步轨道卫星”，简称极轨卫星。极轨卫星高度一般在700～1500千米范围内，由于高度低，所以观测效果好。由于与太阳保持同步，所以每次观测可以得到近乎相同的光照条件，有利于所观测资料的对比分析。但这种极轨卫星每天在同一地区只能观测两次，无法连续观测在几小时内生消的“不测风云”。

2008 年，我国首颗新一代极轨气象卫星“风云三号”在太原卫星发射中心发射升空

静止卫星和极轨卫星各有千秋，因此，要同时发展极轨卫星和静止卫星，把它们配合起来进行气象观测，从而实现互补。目前，只有美国、中国、印度和俄罗斯拥有极轨气象卫星。

海水阔阔，船头有时会相撞

你知道吗

“海水阔阔，船头有时会相撞”，这句闽南话俗语说的是，在宽阔海面上行驶的船只，有时也会相撞，用于比喻本不该发生的事情发生了。

大海中航行的船只有相撞的危险

在大海中航行的船只还真有相撞的，撞得还很惨。最有名的是1912年秋天，当时驰名于世的远洋巨轮“奥林匹克”号正在海上航行，在距它约100米处，另一艘比它小得多的铁甲巡洋舰“豪克”号也在航行，当时的情况是两船并肩前行，前进方向几乎是平行，忽然“豪克”号像脱缰的野马一样掉转船头向大船“奥林匹克”号冲去，任凭舵手怎样努力也无济于事，惨烈的撞船事故发生了。

究竟是什么原因造成了这次意外的船祸？当时谁也说不上来，据说海事法庭在处理这件奇案时，也只得糊里糊涂地判决船长指挥不当。

物理原理

事后研究发现，这一切都是水流在作怪。在宽阔的海面上，当两船平行航行时，两船间流道狭窄水流速度快，压力变小，结果两船较大的压力就会把它们推向一起，小船质量轻，自然移动显著，因而改变方向向大船撞去，造成了这一海难事故的发生。

这一现象背后的原理是1726年为科学家伯努利所揭示的一条自然规律，叫伯努利原理。该原理说，在一定条件下，气流或水流的压力同速度有关系。粗略地说，速度小，静压力就大；速度大，静压力就小。比如说你拿两个纸条一头压在嘴角，然后向纸条间吹气，你会发现纸条不是分开而是挤向一起。纸条间因你的吹气，气流速度快，压力变小，外边较大的压力把纸条挤向一起。

伯努利原理不但帮我们解释一些自然现象，在生活中，它还能派上许多用场，人们在设计通风、排水管路、汽轮机、水轮机等许多方面都要用到它。而飞机的升空也有伯努利原理的功劳。

延伸阅读

下面我们就来看看伯努利原理在生活中的应用实例。

飞机为什么能够飞上天？因为机翼受到向上的升力。飞机飞行时机翼周围空气的流线分布是指机翼横截面的形状上下不对称，机翼上方的流线密，流速大；下方的流线疏，流速小。由伯努利方程可知，机翼上方的压强小，下方的压强大，这样就产生了作用在机翼方向上的升力。

喷雾器是利用流速大、压强小的原理制成的。让空气从小孔迅速流出，小孔附近的压强小，容器里液面上的空气压强大，液体就沿小孔下边的细管升上来，从细管的上口流出后，受到空气流的冲击，被喷成雾状。

球类比赛中的旋转球具有很大的威力。旋转球和不转球的飞行轨迹不同，是球的周围空气流动情况不同造成的。不转球水平向左运动时，周围空气的流线对称，球的上方和下方流线对称，流速相同，上下不产生压强差。现在考虑球的旋转，转动轴通过球心且垂直于纸面，球逆时针旋转。球旋转时会带动周围的空气跟着它一起旋转，致使球的下方空气的流速增大，上方的流速减小，球下方的流速大，压强小，上方的流速小，压强大。跟不转的球相比，旋转球因为旋转而受到向下的力，飞行轨迹要向下弯曲。

生鸡蛋 or 熟鸡蛋

你知道吗

给你两个相同的鸡蛋，其中一个生蛋一个熟蛋，在不把鸡蛋打破的前提下，你如何区分开来呢？有一个方法是这样的：把两个鸡蛋放在相对平滑的桌面上后，用大致相同的力同时转动鸡蛋，先停下的是生蛋，后者是熟蛋。小学时我们在电视上就知道了这种方法。那么原理是什么呢？为什么生的鸡蛋会先停下来而熟的鸡蛋后停呢？

物理原理

生、熟鸡蛋的区别在于蛋的内容物分别是液态和固态物。当用力转动蛋壳时，蛋壳受力开始转动，而液态的内容物由于惯性仍保持静止状态，二者间存在一定的摩擦阻力，同时蛋壳与桌面间也存在摩擦阻力，所以很快停止转动。熟鸡蛋内容物成固态物与蛋壳自成一体，当用力转动蛋壳时，蛋壳与内容物一并转动，二者间不发生相对运动，只需克服较小的桌面摩擦力，所以能长时间转动。

延伸阅读

原来是惯性和摩擦力的双重功效啊！可是老师明明讲过惯性跟摩擦力没联系的啊，怎么回事？这里面还有点小知识呢！

惯性的量度是惯性质量，简称质量。体现在牛顿第二定律中：$F=ma$，其中 F 是合外力，m 是质量，a 是物体的加速度。质量越大，惯性越大，受到相同的力作用时加速度越小，也就是速度越不容易变化。惯性和速度无关。这样就可以解释为什么汽车刹车时，先前速度越大，制动距离就越大了。汽车刹车可以看作匀减速运动，可以证明制动距离 s 满足 $v^2=2as$，其中 v 是初速度；根据牛顿第二定律，a 的大小和摩擦力大小成正比。这里关键在于理解惯性的意义。制动距离和惯性也是没有直接关系的。

为什么高尔夫球表面上有很多小坑

你知道吗

高尔夫球

表面光滑的高尔夫球一杆只能打出几十米，而布满500来个圆形或六边形小坑的“麻脸”高尔夫球却可以打到200米开外。这是怎么回事呢？为什么高尔夫球表面上布满小坑反而打得更远呢？有人说这样空气阻力会小，可是一般都是物体表面越粗糙，摩擦阻力越大，空气和高尔夫球的接触面布满小坑，那为什么高尔夫球受到的空气阻力却变小呢？

物理原理

我们知道空气对于任何在其中运动的物体，包括高尔夫球，都会施加作用力。我们把手伸出行驶中的车外，可以很容易地说明这个现象。根据空气动力学，可以把这个力分成两部分：阻力和升力。阻力的作用方向与运动方向相反，而升力的作用方向则朝上。高尔夫球表面的小凹坑可以减少空气的阻力，增加球的升力，从而让高尔夫球飞得更远。统计发现，一个表面平滑的高尔夫球，经职业选手击出后，飞行距离只是表面有凹坑的高尔夫球的大约一半。

一个高速飞行的高尔夫球，其前方会有一个高压区，空气流经球的前缘再流到后方时会与球体分离。同时，球的后方会有一个紊流尾流区，在此区域气流起伏扰动，导致后方的压强小，压力较低。尾流的范围会影响阻力的大小。通常说来，尾流范围越小，球体后方的压力就越大，空气对球的阻力就越小。小凹坑可使空气形成一层紧贴球表面的薄薄的紊流边界层，使得平滑的气流顺着球形多往后走一些，从而减小尾流的范围。因此，有凹坑的球所受的阻力只有平滑圆球的大约一半。

小凹坑也会影响高尔夫球的升力。一个表面不平滑的回旋球，就像飞机机翼一样偏折气流从而产生升力。球的自旋可使球下方的气压比上方高，这种不平衡可以产生往上的推力。高尔夫球的自旋提供了大约一半的升力，另外一半则是来自小凹坑，它可以提供最佳的升力。大多数的高尔夫球有 300 ~ 500 个小凹坑，每个坑的平均深度约为 0.025 厘米。阻力及升力对凹坑的深度很敏感，即使只有 0.025 厘米这么小的差异，也可以对轨迹和飞行距离造成很大的影响。小凹坑通常是圆形的，但其他的形状也可以有极佳的空气动力性能，例如某些公司生产的高尔夫球采用的是六角形。这和飞机机翼般偏折气流以产生升力是一样的道理。

延伸阅读

让我们来看看飞机起飞跟机翼构造的关系。我们先来看飞机的机翼构造。原来，飞机机翼的上下两侧形状是不一样的，上侧的要凸些，而下侧的则要平些。当飞机滑行时，机翼在空气中移动，从相对运动来看，等于空气沿机翼流动。由于机翼上下侧的形状不一样，在同样的时间内，机翼上侧的空气比下侧的空气流过了较多的路程（曲线长于直线），也即机翼上侧的空气流动得比下侧的空气快。根据流动力学的原理，当飞机滑动时，机翼上侧的空气压力要小于下侧，这就使飞机产生了一个向上的浮力。当飞机滑行到一定速度时，这个浮力就达到了足以使飞机飞起来的力量。于是，飞机就飞上了天。

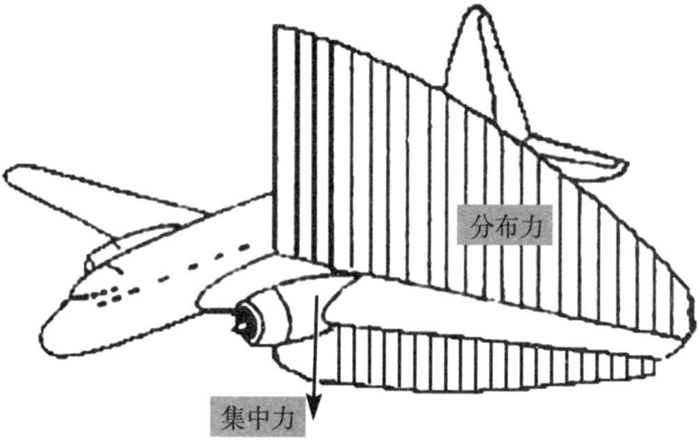

飞机机翼构造图

变来变去的能源宝藏

电火花为何能引爆粉尘

你知道吗

2004年1月8日，辽宁昌图“12·30”爆炸事故国务院联合调查组副组长、安全监管局监察专员贺黎光向新华社记者独家披露，经过对爆炸事故进行的现场勘查、调查取证、技术鉴定和分析论证，爆炸事故的直接原因已经查明。

贺黎光说：“这起事故的直接原因是，由于非防爆电气设备产生的电火花引起混药间粉尘爆燃，迅速引发混药间、造粒间、烘干间药物及仓库原料的连续爆炸。”截至2004年1月8日，这起重特大爆炸事故已经造成38人死亡，另有33人受伤，2000余平方米的生产车间、库房被炸毁，直接经济损失577万元。电火花引爆无可厚非，可是粉尘也能燃烧不成？

物理原理

这个过程是怎么发生的呢？原来在生产过程中先是电能转化为内能，从而产生了电火花；电火花引起粉尘、药物、原料爆炸时，是化学能转化成内能。

延伸阅读

下面我们介绍一些粉尘爆炸的知识。凡是呈细粉状态的固体物质均称为粉尘。能燃烧和爆炸的粉尘叫做可燃粉尘，浮在空气中的粉尘叫悬浮粉尘，沉降在固体壁面上的粉尘叫沉积粉尘。现已发现以下七类物质的粉尘具有爆炸性：金属（如镁粉、铝粉）、煤炭、粮食（如小麦、淀粉）、饲料（如血粉、鱼粉）、农副产品（如棉花、烟草）、林产品（如纸粉、木粉）、合成材料（如塑料、染料）。

1. 粉尘爆炸的条件

可燃粉尘爆炸应具备三个条件：粉尘本身具有爆炸性，粉尘必须悬浮在空气中并与空气混合到爆炸浓度，有足以引起粉尘爆炸的热能源。

和气体爆炸相比，粉尘爆炸所要求的最小引燃能较大，达10毫焦耳，为气体爆炸的近百倍。因此，一个有足够强度的热能源也是形成粉尘爆炸的必要条件之一。

粉尘爆炸

2. 粉尘爆炸的过程

第一步：悬浮粉尘在热源作用下迅速地被干馏或汽化而产生可燃气体。

第二步：可燃气体与空气混合而燃烧。

第三步：燃烧产生的热量从燃烧中心向外传递，引起邻近的粉尘进一步燃烧。如此循环下去，反应速度不断加快，最后形成爆炸。

3. 粉尘爆炸的特点

（1）具有二次爆炸的可能。粉尘初始爆炸的气浪可能将沉积的粉尘扬起，形成爆炸性尘云，在新的空间再次产生爆炸，这叫二次爆炸。这种连续爆炸会造成严重的破坏。

（2）粉尘爆炸感应期长，达数十秒，为气体的数十倍。

（3）粉尘爆炸可能产生两种有毒气体：一种是一氧化碳，另一种是爆炸物质（如塑料等）自身分解产生的毒性气体。

4. 影响粉尘爆炸的因素

（1）物理性质和化学性质。物质的燃烧热越大，则其粉尘的爆炸危险性也越大，例如煤、碳、硫的粉尘等；越易氧化的物质，其粉尘越易爆炸，例如镁、氧化亚铁、染料等；越易带电的粉尘越易引起爆炸。粉尘在生产过程中，由于互相碰撞、摩擦等作用，产生的静电不易散失，造成静电积累，当达到某一数值后，便出现静电放电。静电放电火花能引起火灾和爆炸事故。

粉尘爆炸还与其所含的挥发物有关。如煤粉中当挥发物低于10%时，就不再发生爆炸。因而焦炭粉尘没有爆炸危险性。

（2）颗粒大小。粉尘的表面吸附空气中的氧，颗粒越细，吸附的氧就越多，因而越易发生爆炸，而且，发火点越低，爆炸下限也越低。随着粉尘颗粒的直径的减小，不仅化学活性增加，而且容易带上静电。

（3）粉尘的浓度。与可燃气体相似，粉尘爆炸也有一定的浓度范围，也有上下限之分。但在一般资料中多数只列出粉尘的爆炸下限，因为粉尘的爆炸上限较高。

可否见过鼠大如猪

你知道吗

核污染是指由于各种原因产生核泄漏甚至核爆炸而引起的放射性污染。其危害范围大，对周围生物破坏极为严重，持续时期长，事后处理危险复杂。1986 年苏联的切尔诺贝利核电站发生核泄漏事故，导致不少动植物畸形变种。据报道，一个由巴沙科夫等率领的科学考察组，身穿严密的防辐射罩衣，手持高性能自动手枪，来到受污染最严重的地区考察。

哥斯拉，科幻电影中一个由核辐射引发变异而出现的恐怖怪兽

当他们来到一间破烂不堪的粮仓时，突然发现一群“肥猪”向他们奔来。这群肥猪浑身呈灰褐色，尖尖的嘴巴，盈盈的胡须，拖着长而无毛的细尾巴，体长近一米，行动非常敏捷，它们奔到科学家面前，立即形成包围圈，

贪婪的小眼睛虎视眈眈。巴沙科夫等人定睛一看，它们十分像老鼠。可是老鼠怎么大如肥猪？

物理原理

仔细想想，这些老鼠应该是由于核辐射而畸变，奇怪的是当他们扳动手枪射杀时，这些核老鼠的行为习性也发生了变化，它们毫不畏惧，不仅不逃跑，反而争先恐后地抢食起同伴的尸体来。多可怕的核污染！

延伸阅读

我们来了解一下核电的知识以及核污染的危害性。核电虽然是目前最新式、最“干净”且单位成本最低的一种电力资源，但由核泄漏事故造成的核污染，却也给人类带来了前所未有的灾难。

原子弹、氢弹在爆炸时会产生极高的温度和穿透性很强的辐射，为人类带来巨大的灾难。我们讲的核污染并不是核爆炸时产生的瞬间核辐射直接造成的破坏，而是指爆炸时产生的大量放射性核素所带来的影响，即剩余核辐射对人的危害。

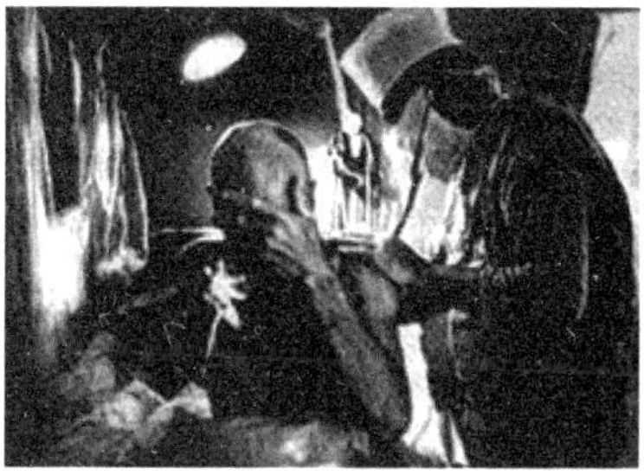

在切尔诺贝利事故中受到核污染的患者

核爆炸产生的放射性核素可以对周围产生很强的辐射，形成核污染。放射性沉降物还可以通过食物链进入人体，在体内达到一定剂量时就会产生有害作用。人会出现头晕、头疼、食欲不振等症状。

迄今为止，除了切尔诺贝利核泄漏事故以外，英国北部的塞拉菲尔核电站、美国的布朗斯菲尔德核电站和三哩岛核电站都发生过核泄漏事故。除此之外，在世界海域还发生过多起核潜艇事故。这些散布在陆地、空中和沉睡在海底的核污染给人类和环境带来的危害远不是报道的数字能够描述的。因为核辐射的潜伏期长达几十年，发展下去会出现白细胞和血小板减少等症状。如果超剂量的放射性物质长期作用于人体，就能使人患上肿瘤、白血病及遗传障碍。

放射性物质不仅沉降在爆炸点附近，还能飘落到非常遥远的地方，而且它对环境的辐射污染时间相当长，几千年甚至上万年都不会消失。

我们的炼金术士——氢

你知道吗

炼金术是寻求长生的灵丹妙方，是人类受到的一切诱惑中的最大诱惑。有史以来，人类就希望自己长生，并且做过种种的尝试。在所有的尝试中，炼金术士的幻想和技艺是被应用得最普遍的。为什么称氢为炼金术士呢？

当今世界开发新能源迫在眉睫，原因是目前所用的能源如石油、天然气、煤，均属不可再生资源，地球上存量有限，而人类生存又时刻离不开能源，所以必须寻找新的能源。

氢能是一种二次能源，它是通过一定的方法利用其他能源制取的，而不像煤、石油和天然气等可以直接从地下开采、几乎完全依靠化石燃料。随着化石燃料消耗量的日益增加，其储量日益减少，终有一天会枯竭。这就迫切需要寻找一种不依赖化石燃料的储量丰富的新的含能体能源。莫非氢就是这样一种在常规能源危机和开发新的二次能源的同时出现，人们期待的新的二次能源？

物理原理

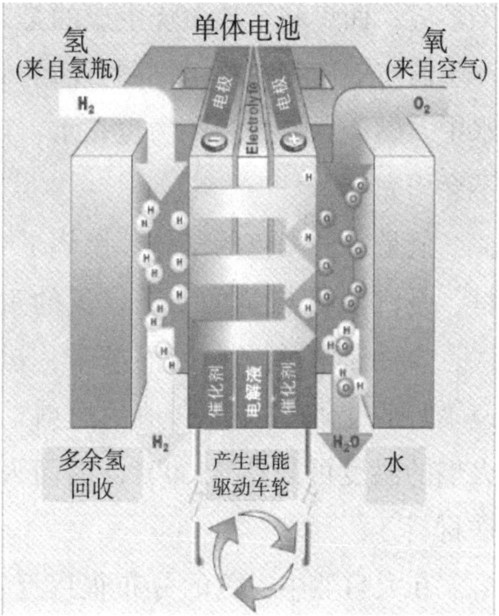

氢的电解

时至今日，氢能的利用已有长足进步。自从1965年美国开始研制液氢发动机以来，相继研制成功了各种类型的喷气式和火箭式发动机。美国的航天飞机已成功使用液态氢做燃料。我国“长征2号”、“长征3号”也使用液氢做燃料。利用液态氢代替柴油，用于铁路机车或一般汽车的研制也十分活跃。氢汽车靠氢燃料、氢燃料电池运行也是沟通电力系统和氢能体系的重要手段。

目前，世界各国正在研究如何大量而廉价地生产氢。利用太阳能来分解水是一个主要研究方向。在光的作用下将水分解成氢气和氧气，关键在于找到一种合适的催化剂。如今世界上有 50 多个实验室在进行研究，至今尚未有重大突破，但它孕育着广阔的前景。

发展氢能源，将向建立一个美好、无污染的新世界迈出重要一步。

在众多的新能源中，氢能将会成为 21 世纪最理想的能源。这是因为，在燃烧相同重量的煤、汽油和氢气的情况下，氢气产生的能量最多，而且它燃烧的产物是水，没有灰渣和废气，不会污染环境；而煤和石油燃烧生成的是二氧化碳和二氧化硫，可分别产生温室效应和酸雨。煤和石油的储量是有限的，而氢主要存于水中，燃烧后唯一的产物也是水，可源源不断地产生氢气，永远不会用完。

氢是一种无色的气体。燃烧 1 克氢能释放出 142 千焦耳的热量，是汽油发热量的 3 倍。氢的重量特别轻，它比汽油、天然气、煤油都轻多了，因而携带、运送方便，是航天、航空等高速飞行的交通工具最合适的燃料。氢在氧气里能够燃烧，氢气火焰的温度可高达 2500℃，因而人们常用氢气切割或者焊接钢铁材料。

在大自然中，氢的分布很广泛。水就是氢的大“仓库”，其中含有 11% 的氢；泥土里约有 1.5% 的氢；石油、煤炭、天然气、动植物体内等都含有氢。氢的主体是以化合物水的形式存在的，而地球表面约 70% 为水所覆盖，储水量很大，因此可以说，氢是取之不尽、用之不竭的能源。如果能用合适的方法从水中制取氢，那么氢将是一种价格相当便宜的能源。

氢的用途很广，适用性强。它不仅能用作燃料，而且金属氢化物具有将化学能、热能和机械能相互转换的功能。例如，储氢金属具有吸氢放热和吸热放氢的本领，可将热量储存起来，作为房间内取暖和空调使用。

氢作为气体燃料，首先被应用在汽车上。1976 年 5 月，美国研制出一种以氢作为燃料的汽车；后来，日本也研制成功一种以液态氢为燃料的汽车；20 世纪 70 年代末期，前联邦德国的奔驰汽车公司已对氢气进行了试验，他们仅用了 5 千克氢，就使汽车行驶了 110 千米。

用氢作为汽车燃料，不仅干净，在低温下容易发动，而且对发动机的腐蚀作用小，可延长发动机的使用寿命。由于氢气与空气能够均匀混合，完全可省去一般汽车上所用的汽化器，从而可简化现有汽车的构造。更令人感兴趣的是，只要在汽油中加入 4% 的氢气，用它作为汽车发动机燃料，就可节油 40%，而且无须对汽油发动机做多大的改进。

氢气在一定压力和温度下很容易变成液体，因而将它用于铁罐车、公路拖车或者轮船运输都很方便。液态氢既可用作汽车、飞机的燃料，也可用作火箭、导弹的燃料。美国飞往月球的“阿波罗”号宇宙飞船和我国发射人造卫星的“长征”运载火箭，都是用液态氢作为燃料的。

另外，使用氢燃料电池还可以把氢能直接转化成电能，使氢能的利用更为方便。目前，这种燃料电池已在宇宙飞船和潜水艇上得到使用，效果不错。当然，由于成本较高，一时还难以普遍使用。

现在世界上氢的年产量约为 3600 万吨，其中绝大部分是从石油、煤炭和天然气中制取的，这就得消耗本来就很紧缺的矿物燃料；另有4%的氢是用电解水的方法制取的，但消耗的电能太多，很不划算。因此，人们正在积极探索研究制氢的新方法。

随着太阳能研究和利用的发展，人们已开始利用阳光分解水来制取氢气。在水中放入催化剂，在阳光照射下，催化剂便能激发光化学反应，把水分解成氢和氧。例如，二氧化钛和某些含钌的化合物，就是较适用的光水解催化剂。人们预计，一旦当更有效的催化剂问世时，水中取“火”——制氢就成为可能，到那时，人们只要在汽车、飞机的油箱中装满水，再加入光水解催化剂，那么，在阳光照射下，水便能不断地分解出氢，成为发动机的能源。

20世纪70年代，人们用半导体材料钛酸锶作为光电极，金属铂作为暗电极，将它们连在一起，然后放入水里，通过阳光的照射，就在铂电极上释放出氢气，而在钛酸锶电极上释放出氧气，这就是我们通常所说的光电解水制取氢气法。

科学家们还发现，一些微生物也能在阳光作用下制取氢。人们利用在光合作用下可以释放氢的微生物，通过氢化酶诱发电子，把水里的氢离子结合起来，生成氢气。苏联的科学家们已在湖沼里发现了这样的微生物，他们把这种微生物放在适合它生存的特殊器皿里，然后将微生物产生出来的氢气收集在氢气瓶里。这种微生物含有大量的蛋白质，除了能放出氢气外，还可以用于制药和生产维生素，以及用它作为牧畜和家禽的饲料。现在，人们正在设法培养能高效产氢的这类微生物，以适应开发利用新能源的需要。

引人注意的是，许多原始的低等生物在新陈代谢的过程中也可放出氢气。例如，许多细菌可在一定条件下放出氢。日本已找到一种叫做“红鞭毛杆菌”的细菌，它就是个制氢的能手。在玻璃器皿内，以淀粉作为原料，掺入一些其他营养素制成的培养液，就可培养出这种细菌，这时，在玻璃器皿内便会产生出氢气。这种细菌制氢的效能颇高，每消耗 5 毫升的淀粉营养液，就可产生出 25 毫升的氢气。

美国宇航部门准备把一种光合细菌——红螺菌带到太空中去，用它放出的氢气作为能源供航天器使用。这种细菌的生长与繁殖很快，而且培养方法简单易行，既可在农副产品废水废渣中培养，也可以在乳制品加工厂的垃圾中培育。

对于制取氢气，有人提出了一个大胆的设想：将来建造一些为电解水制取氢气的专用核电站。譬如，建造一些人工海岛，把核电站建在这些海岛上，电解用水和冷却用水均取自海水。由于海岛远离居民区，所以既安全，又经济。制取的氢和氧，用铺设在水下的通气管道输入陆地，以便供人们随时使用。

延伸阅读

氢燃料电池技术，一直被认为是利用氢能，解决未来人类能源危机的终极方案。上海一直是中国氢燃料电池研发和应用的重要基地，包括上汽、上海神力、同济大学等企业和高校，也一直在研发氢燃料电池和氢能车辆。随着中国经济的快速发展，汽车工业已经成为中国的支柱产业之一。2007 年中国已成为世界第三大汽车生产国和第二大汽车市场。与此同时，汽车燃油消耗也达到 8000 万吨，约占中国石油总需求量的四分之一。在能源供应日益紧张的今天，发展新能源汽车已迫在眉睫，用氢能作为汽车的燃料无疑是最佳选择。

虽然燃料电池发动机的关键技术已取得突破，但是还需要更进一步对燃料电池产业化技术进行改进、提升，使产业化技术成熟。这个阶段需要政府加大研发力度的投入，以保证中国在燃料电池发动机关键技术方面的水平和领先优势。这包括对掌握燃料电池关键技术的企业在资金、融资能力等方面予以支持。除此之外，国家还应加快对燃料电池关键原材料、零部件国产化、批量化生产的支持，不断整合燃料电池各方面优势，带动燃料电池产业链的延伸。同时政府还应给予相关的示范应用配套设施，并且对燃料电池相关产业链予以培育，以加快燃料电池车示范运营相关的法规、标准的制定和加氢站等配套设施的建设，推动燃料电池汽车的载客示范运营。有了政府的大力支持，氢能汽车一定能成为朝阳产业。

阳光如何变成能量呢

你知道吗

太阳能，一般指太阳光的辐射能量。在太阳内部进行的由“氢”聚变成“氦”的原子核反应，不停地释放出巨大的能量，并不断向宇宙空间辐射能量，这种能量就是太阳能。太阳内部的这种核聚变反应，可以维持几十亿年至上百亿年的时间。太阳向宇宙空间发射的辐射功率为 3.8×10^{23} 千瓦的辐射值，其中 20 亿分之一到达地球大气层。到达地球大气层的太阳能，30% 被大气层反射，23% 被大气层吸收，其余的到达地球表面，其功率为 80

万亿千瓦，也就是说太阳每秒钟照射到地球上的能量就相当于燃烧500万吨煤释放的热量。平均在大气外每平方米面积每分钟接受的能量为1367瓦。广义上的太阳能是地球上许多能量的来源，如风能、化学能、水的势能等等。狭义的太阳能则限于太阳辐射能的光热、光电和光化学的直接转换。但是这么多的能量我们怎么收集起来加以利用呢？

物理原理

人类对太阳能的利用有着悠久的历史。我国早在2000多年前的战国时期，就知道利用钢制四面镜聚焦太阳光来点火、利用太阳能来使农副产品变得干燥。发展到现代，太阳能的利用已日益广泛，它包括太阳能的光热利用、光电利用和光化学利用等。太阳能的利用有光化学反应被动式利用（光热转换）和光

太阳能电池阵列

电转换两种方式。太阳能发电是一种新兴的可再生能源利用方式。

使用太阳能电池，通过光电转换把太阳光中的能量转化为电能；使用太阳能热水器，利用太阳光的热量加热水，并利用热水发电；利用太阳能进行海水淡化。现在，太阳能的利用还不是很普及，利用太阳能发电还存在成本高、转换效率低的问题，但是太阳能电池在为人造卫星提供能源方面得到了应用，主要是因为硅光电池可以吸收太阳所发射出来的光能。硅光电池主要是从沙子里提炼出来的，由贝尔实验室开发的太阳能是太阳内部或者表面的黑子连续不断的核聚变反应过程产生的能量。地球轨道上的平均太阳辐射强度为1367 瓦/米^2，地球赤道的周长为4 万千米，从而可计算出，地球获得的能量可达17.3 万特瓦。在海平面上的标准峰值强度为1 千瓦/米^2，地球表面某一点24 小时的年平均辐射强度为0.20 千瓦/米^2，相当于有10.2 万特瓦的能量，人类依赖这些能量维持生存，其中包括所有其他形式的可再生能源（地热能资源除外）。虽然太阳能资源总量相当于现在人类所利用的能源的一万多倍，但太阳能的能量密度低，而且它因地而异，因时而变，这是开发利用太阳能面临的主要问题。太阳能的这些特点会使它在整个综合能源体系中的作用受到一定的限制。

尽管太阳辐射到地球大气层的能量仅为其总辐射能量的20 亿分之一，但已高达17.3 万特瓦，也就是说太阳每秒钟照射到地球上的能量就相当于燃烧500 万吨煤。地球上的风能、水能、海洋温差能、波浪能和生物质能以及部分潮汐能都是来源于太阳；即使是地球上的化石燃料（如煤、石油、天然气等）从根本上说也是远古以来贮存下来的太阳能，所以广义的太阳能所包括的范围非常大，狭义的太阳能则限于太阳辐射能的光热、光电和光化学的直接转换。

太阳能既是一次能源，又是可再生能源。它资源丰富，既可免费使用，又无须运输，对环境无任何污染，为人类创造了一种新的生活形态，使人类社会进入一个节约能源、减少污染的时代。

太阳电池是一种对光有响应并能将光能转换成电能的器件。能产生光伏效应的材料有许多种，如：单晶硅、多晶硅、非晶硅、砷化镓、硒铟铜等，它们的发电原理基本相同。现以晶体为例描述光发电的过程。

P 型晶体硅经过掺杂磷可得 N 型硅，形成 P－N 结。当光线照射太阳电池表面时，一部分光子被硅材料吸收；光子的能量被传递给了硅原子，使电子发生了跃迁，成为自由电子，在 P－N 结两侧集聚形成了电位差。当外部接通电路时，在该电压的作用下，将会有电流流过外部电路产生一定的输出功率。这个过程的实质是光子能量转换成电能的过程。

延伸阅读

就目前来说，人类直接利用太阳能还处于初级阶段，主要有太阳能集热器、太阳能热水系统、太阳能暖房、太阳能发电等方式。

太阳能集热器

太阳能热水器装置通常包括太阳能集热器、储水箱、管道及抽水泵其他部件。另外在冬天需要热交换器和膨胀槽以及发电装置以备电厂不能供电之需。太阳能集热器是在太阳能热系统中，接受太阳辐射并向传热工质传递热量的装置。按传热工质可分为液体集热器和空气集热器。另外还有一种真空集热器。一个好的太阳能集热器应该能用20—30年。

太阳能热水系统

早期最广泛的太阳能应用即用于将水加热，现今全世界已有数百万个太阳能热水装置。

太阳能热水系统的主要元件包括收集器、储存装置及循环管路三部分。此外，还有辅助的能源装置（如电热器等）以供应无日照时使用，另外还有强制循环用的水，以控制水位或控制电动部分或温度的装置以及接到负载的管路等。依照循环方式，太阳能热水系统可分两种：

1. 自然循环式

这种热水系统的储存箱置于收集器上方。水在收集器中接受太阳辐射的加热，温度上升，造成收集器及储水箱中水温不同而产生密度差，因此引起浮力，这一热虹吸现象，促使水在储水箱及收集器中自然流动。由于密度差的关系，水流量与收集器的太阳能吸收量成正比。这种热水系统因不需循环水，维护甚为简单，故已被广泛采用。

太阳能热水器

2. 强制循环式

这种热水系统用水，使水在收集器与储水箱之间循环。当收集器顶端水温高于储水箱底部水温若干度时，控制装置将启动水使水流动。水入口处设有止回阀以防止夜间水由收集器逆流，引起热损失。由这种热水系统的流量可得知，容易预测性能，也可推算在若干时间内的加热水量。如在同样设计条件下，其较自然循环方式具有可以获得较高水温的长处，但因其必须利用水，故有维护（如漏水等）以及控制装置时动时停等问题存在。因此，大型热水系统或需要较高水温的情况下才选择强制循环式，一般大多用自然循环式热水器。

暖房

利用太阳能做冬天暖房之用，在许多寒冷地区已使用多年。因寒带地区冬季气温甚低，室内必须有暖气设备。若欲节省大量化石能源的消耗，可以设法应用太阳辐射热。大多数太阳能暖房使用热水系统，也有使用热空气系统的。太阳能暖房系统由太阳能收集器、热储存装置、辅助能源系统及室内暖房风扇系统所组成，其过程乃太阳辐射热传导，经收集器内的工作流体将热能储存，再供热给房间。至于辅助热源则可装置在储热装置内、直接装设在房间内或装设于储存装置及房间之间等不同设计。当然也可不用储热装置而直接将热能用到暖房的直接式暖房设计，或者将太阳能直接用于热电或光电方式发电，在加热房间，或透过冷暖房的热装置方式供做暖房使用。最常用的暖房系统为太阳能热水装置，其将热水通至储热装置之中（固体、液体或相变化的储热系统），然后利用风扇将室内或室外空气驱动至此储热装置中吸热，在把此热空气传送至室内，或利用另一种液体流至储热装置中吸热，当热流体流至室内，再利用风扇吹送被加热空气至室内，而达到暖房效果。

太阳能发电

直接将太阳能转变成电能，并将电能存储在电容器中，以备需要时使用。

太阳能离网发电系统

太阳能离网发电系统包括：①太阳能控制器（光伏控制器和风光互补控制器）。对所发的电能进行调节和控制，一方面把调整后的能量送往直流负载或交流负载，另一方面把多余的能量送往蓄电池组储存，当所发的电不能满足负载需要时，太阳能控制器又把蓄电池的电能送往负载。蓄电池充满电后，控制器要控制蓄电池不被过度充电。当蓄电池所储存的电能被放完时，太阳能控制器要控制蓄电池不被过度放电，保护蓄电池。控制器的性能不好时，对蓄电池的使用寿命影响很大，并最终影响系统的可靠性。②太阳能蓄电池组。任务是贮能，以便在夜间或阴雨天保证负载用电。③太阳能逆变器。负责把直流电转换为交流电，供交流负荷使用。太阳能逆变器是光伏风力发电系统的核心部件。由于使用地区相对落后、偏僻，维护困难，为了提高光伏风力发电系统的整体性能，保证电站的长期稳定运行，对逆变器的可靠性提出了很高的要求。另外由于新能源发电成本较高，太阳能逆变器的高效运行也显得非常重要。

太阳能并网发电系统

可再生能源并网发电系统是将光伏阵列、风力机以及燃料电池等产生的可再生能源不经过蓄电池储能，通过并网逆变器直接反向馈入电网的发电系统。

因为直接将电能输入电网，免除配置蓄电池，省掉了蓄电池储能和释放的过程，可以充分利用可再生能源所发出的电力，减

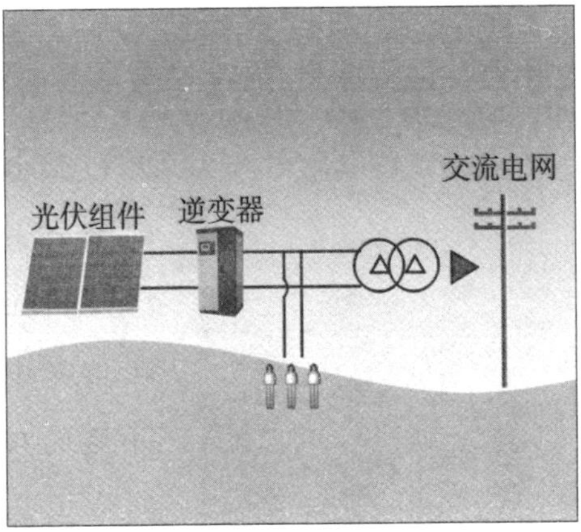

太阳能发电

小能量损耗，降低系统成本。并网发电系统能够并行使用市电和可再生能源作为本地交流负载的电源，降低整个系统的负载缺电率。同时，可再生能源并网系统可以对公用电网起到调峰作用。并网发电系统是太阳能风力发电的发展方向，代表了21世纪最具吸引力的能源利用技术。

可怕的沙尘暴

你知道吗

沙尘暴是沙暴和尘暴两者兼有的总称，是指强风把地面大量沙尘物质吹起卷入空中，使空气特别混浊，水平能见度小于1千米的严重风沙天气现象。其中沙暴是指大风把大量沙粒吹入近地层所形成的挟沙风暴；尘暴则是大风把大量尘埃及其他细粒物质卷入高空所形成的风暴。

从全球范围来看，沙尘暴天气多发生在内陆沙漠地区，发源

沙尘暴

地主要有非洲的撒哈拉沙漠，北美中西部和澳大利亚也是沙尘暴天气的发源地之一。1933—1937 年由于严重干旱，在北美中西部就发生过著名的碗状沙尘暴。亚洲沙尘暴活动中心主要在约旦沙漠、巴格达与海湾北部沿岸之间的下美索不达米亚，阿巴斯附近的伊朗南部海滨，稗路支到阿富汗北部的平原地带。中亚的哈萨克斯坦、乌兹别克斯坦及土库曼斯坦都是沙尘暴频繁（≥15 次/年）影响区，但其中心在里海与咸海之间的沙质平原及阿姆河一带。

我国西北地区由于独特的地理环境，也是沙尘暴频繁发生的地区，主要发源地有古尔班通古特沙漠、塔克拉玛干沙漠、巴丹吉林沙漠、腾格里沙漠、乌兰布和沙漠和毛乌素沙漠等。那么，沙尘暴这种可怕的天气是怎么形成的呢？它有什么危害？防治办法是什么呢？

物理原理

让我们好好认识一下这种可怕的天气吧！

沙尘暴成因：有利于产生大风或强风的天气形势，有利的沙、尘源分布和有利的空气不稳定条件都是沙尘暴或强沙尘暴形成的主要原因。强风是沙尘暴产生的动力，沙、尘源是沙尘暴的物质基础，不稳定的热力条件有利于风力加大、强对流发展，从而夹带更多的沙尘，并卷扬得更高。

除此之外，前期干旱少雨，天气变暖，气温回升，是沙尘暴形成的特殊的气候背景；地面冷锋前对流单体发展成云团或飑线等有利于沙尘暴发展并加强的中小尺度系统；有利于风速加大的地形条件即狭管作用，是沙尘暴形成的有利条件之一。

沙尘暴形成的物理机制：在极有利的大尺度环境、高空干冷急流和强垂直风速、风向切变及热力不稳定层结等条件下，引起锋区附近中小尺度系统生成、发展，加剧了锋区前后的气压、温度梯度，形成了锋区前后的巨大压温梯度。在动量下传和梯度偏差风的共同作用下，近地层风速陡升，掀起地表沙尘，形成沙尘暴或强沙尘暴天气。

延伸阅读

沙尘暴给国民经济建设和人民生命财产安全造成严重的损失和极大的危害。沙尘暴的危害主要表现在以下几个方面：

1. 生态环境恶化

出现沙尘暴天气时，狂风裹的沙石、浮尘到处弥漫，凡是沙尘暴经过的地区空气浑浊，呛鼻迷眼，患呼吸道等疾病的人数增加。如 1993 年 5 月 5 日发生在金昌市的强沙尘暴天气，监测到的室外空气含尘量为 1016 毫米/立方厘米，室内为 80 毫米/立方厘米，超过国家规定的生活区内空气含尘量标准的 40 倍。

2. 生产生活受影响

沙尘暴携带的大量沙尘蔽日遮光，天气阴沉，造成太阳辐射减少，几个小时到十几个小时恶劣的能见度，容易使人心情沉闷，工作和学习效率降低。轻者可使大量牲畜患上呼吸道及肠胃疾病，严重时将导致大量"春乏"牲畜死亡、刮走农田沃土、种子和幼苗。沙尘暴还会使地表层土壤风蚀、沙漠化加剧，覆盖在植物叶面上厚厚的沙尘，影响植物正常的光合作用，造成农作物减产。

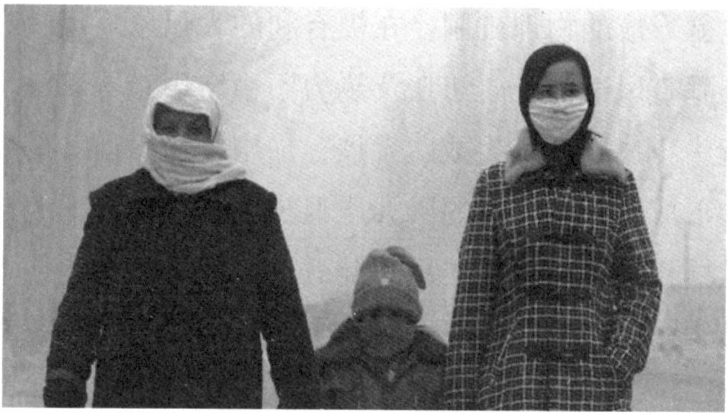

沙尘暴给人们的出行带来不便

3. 生命财产损失

1993 年 5 月 5 日，发生在甘肃省金昌、武威、民勤、白银等地的强沙尘暴天气，受灾农田 253.55 万亩，损失树木 4.28 万株，造成直接经济损失 2.36 亿元，死亡 50 人，重伤 153 人。2000 年 4 月 12 日，永昌、金昌、武威、民勤等地出现强沙尘暴天气，据不完全统计，仅金昌、武威两地直接经济损失就达 1534 万元。

4. 交通安全事故

沙尘暴天气经常影响交通安全，造成飞机不能正常起飞或降落，使汽车、火车车厢玻璃破损、停运或脱轨。

沙尘暴的危害虽然甚多，但整个沙尘暴的过程却也是自然生态系所不能或缺的部分。这又是怎么一回事呢？

例如，澳大利亚的赤色沙暴中所夹带来的大量铁质已证明是南极海浮游生物重要的营养来源，而浮游植物又可消耗大量的二氧化碳，以减缓温室效应的危害，因此沙暴的影响层级并非全为负面。

在另一个层面上来说，沙尘暴也许是地球为了应对环境变迁的一种症候，就像我们感冒了会发生咳嗽是为了排除气管中的废物一样。为研究沙尘暴提供塔斯曼海养分以及其他诸多效应等，澳大利亚曾汇集了许多气候学者。他们发现澳洲沙尘暴的红色石英沉积物也可在新西兰找到，并且使新西兰的土地变得肥沃。因此澳大利亚沙尘暴所造成的养分损失却可造成新西兰土地的养分收获。而像夏威夷当地肥沃的土壤沉积物，根据分析资料也可证明有许多的养料成分来自遥远的欧亚大陆内部。正因为两地相隔万里，普通的风无法把内陆的尘埃吹到这么遥远的地方，因此正是沙尘暴把细小却包含养分的尘土携上3000米高空，穿越大洋，再如播种一般把它们撒下来。

科学家还发现，除了夏威夷群岛，地球上最大的绿肺——亚马孙盆地的雨林也得益于沙尘暴，它的一个重要的养分来源也是空中的沙尘。沙尘暴能把盘石变得葱葱郁郁的秘密在于沙尘气溶胶含有铁离子等有助于植物生长的成分。此外由于沙尘暴多诞生在干燥高盐碱的土地上，沙尘暴所挟带的一些土粒当中也经常带有一些碱性的物质，所以往往可以减缓沙尘暴附近沉降区的酸雨作用或土壤酸化作用。

中国科学院大气物理研究所的王自发先生曾说：“沙尘暴的确降低了酸雨的酸性。沙尘及其土壤粒子的中和作用使中国北方降水的 pH 值增加 0.8～2.5，韩国增加 0.5～0.8，日本增加

0.2～0.5。如果没有沙尘的作用，那么，很多北方地区的酸雨危害要严重得多。”因此，沙尘暴虽然危害甚大，却也是地球自然生态当中的一个必经的过程，因为自人类有史以来，便有沙尘暴的出现。只是我们应该更积极地找寻异常沙尘暴频率发生的机制，以真正解决异常气候变迁对环境的危害问题。

一指之力能否威力无比

你知道吗

多米诺骨牌实际上是中国古代的“牌九”。据记载，18 世纪流传到意大利后，人们利用牌九上面的点数来做一些拼图游戏，后来一个意大利人好奇地把骨牌竖起来，逐渐发展成了原始的“多米诺”。多米诺骨牌效应可以产生巨大的能量。

物理原理

这种效应的物理原理是：骨牌竖着时，重心较高，倒下时重心下降，倒下过程中，将其重力势能转化为动能，它倒在第二张牌上，这个动能就转移到第二张牌上，第二张牌将第一张牌转移来的动能和自己倒下过程中由本身具有的重力势能转化来的动能之和，再传到第三张牌上……所以每张牌倒下的时候，具有的动能都比前一块牌大，因此它们的速度一个比一个快，也就是说，它们依次推倒的能量一个比一个大。

大不列颠哥伦比亚大学物理学家 A. 怀特海德曾经制作了一组

骨牌，共13张，第一张最小，长9.53毫米，宽4.76毫米，厚1.19毫米，还不如小手指甲大。以后每张体积扩大1.5倍，这个数据是按照一张骨牌倒下时能推倒一张1.5倍体积的骨牌而选定的。最大的第十三张长61毫米，宽30.5毫米，厚7.6毫米，牌面大小接近于扑克牌，厚度相当于扑克牌的20倍。把这套骨牌按适当间距排好，轻轻推倒第一张，必然会波及第十三张。第十三张骨牌倒下时释放的能量比第一张骨牌倒下时整整要扩大20多亿倍，因为多米诺骨牌效应的能量是按指数形式增长的。若推倒第一张骨牌要用0.024微焦，倒下的第十三张骨牌释放的能量达到51焦。可见多米诺骨牌效应产生的能量的确令人瞠目。

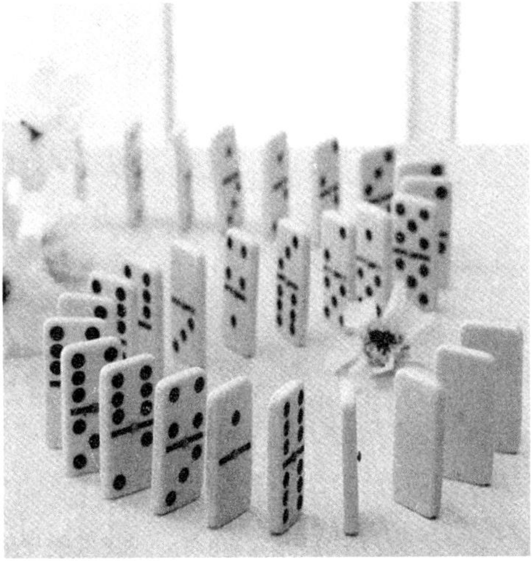
多米诺骨牌

不过A.怀德特毕竟没有制作第三十二张骨牌，因为它将高达415米，是纽约帝国大厦高度的两倍。如果真有人制作了这样的一套骨牌，那摩天大厦就会在一指之力下被轰然推倒！

延伸阅读

多米诺骨牌效应不免让人想起了威力巨大的链式反应，那么什么是链式反应呢？

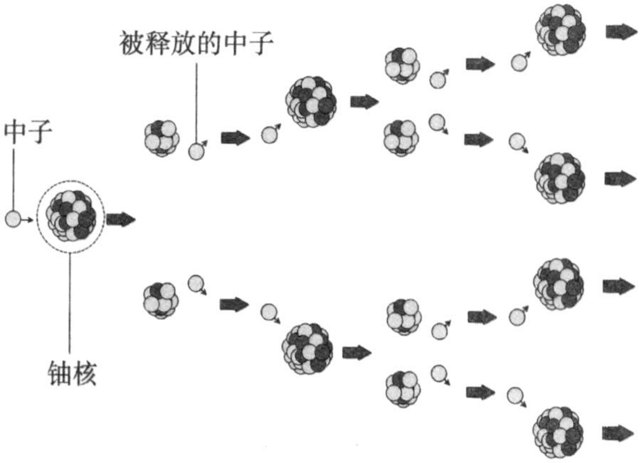

链式反应示意图

一个铀核在一个中子作用下发生裂变，如果裂变时放出两个次级中子，这两个次级中子又引起两个铀核发生裂变，放出四个次级中子，这四个中子再引起四个铀核发生裂变……如此下去，反应的规模将自动地变得越来越大，一幅铀核链式反应的图景立即展现在我们面前，它吸引了多少科学家啊！

当中子轰击质量数为235的铀核时，铀核会分裂成大小相等的两部分，在释放大量能量的同时产生几个新的中子，这些中子又轰击其他铀核而引起裂变，裂变就会持续进行下去，这就是链式反应。

链式反应释放的能量如果不加控制就会发生爆炸，原子弹就是根据这个原理制成的。如果用人工的方法进行控制，让其平稳地释放能量，就可以被我们和平利用，例如用来发电。氢弹是利用氘氚原子核的聚变反应瞬间释放巨大能量来起杀伤破坏作用的。正在研究的受控热核聚变反应装置也应用了这一基本原理，它与氢弹的最大不同是其释放能量是可以被控制的。

核能清洁吗

你知道吗

近半个世纪以来，人类一方面发展核能，另一方面，到现在为止，没有任何国家找到安全、永久处理高放射性核废料的办法。核能一方面具有许多优点，如体积小而能量大，核能比化学能大几百万倍，作为缓和世界能源危机的一种经济有效的措施，堪称清洁能源，另一方面又经常发生核爆炸、泄露等事故，并且其产生的巨大核废料难以处理，那么我们还能不能称之为一种清洁能源呢？

物理原理

首先，核能发电消耗的燃料比化石燃料消耗的物质要少得多。铀核裂变是现在核电站中最常见的形式，氢的同位素氘、氚核聚变反应是现在试验堆采用的形式，因而铀、氘、氚也就成为最主要的核能燃料。由于单位物质中的核能比化学能大得多，1 克铀 235 完全发生核裂变后放出的能量相当于燃烧 2.5 吨煤所产生的能量。1 公升海水里（含 30 毫克氘）提取出的氘，在完全的聚变反应中可释放相当于燃烧 300 公升汽油的能量，氘的发热量相当于同等煤的 2000 万倍。因而同样发电核能消耗的物质就比化石燃料要少得多。例如，1 台 100 万千瓦核电机组，每年需要更换约 50 个燃料组件、合 25 吨左右核燃料，只需要 27 辆卡车就能运送，而同等装机容量的煤电站则需要300万吨煤，要用5万节车皮来装。1座100万千瓦的核聚变电站，每年耗氘量只需304千克。显然核能还可以缓解交通运输压力。

其次，利用反应堆产生的能量直接供热，也有十分广阔的市场。例如，建设一座20万千瓦的低温供热堆，每年消耗二氧化铀仅1吨，它可以为500万平方米的建筑供暖。而为同样建筑面积供暖的锅炉，每年需要烧煤30万吨。以装机容量1000千瓦的燃煤电厂和核电厂相比，两者发电量分别为55亿度和56亿度，燃煤电厂要排放二氧化碳588万吨、二氧化硫4.4万吨，氧化氮2.2万吨以及近万吨烟尘、45万吨的灰渣。核电厂上述五种污染物排放量为零。显然，核能发电对环境的影响很小，不产生污染环境的硫、氮氧化物，不释放温室效应的二氧化碳气体。

另外，核电占地相对较少。100万千瓦核电占地中仅相当于风电的5%。对于获得同样单位能量的原料来说，铀的采掘量远远小于煤炭的采掘量，也就是说其占地和对环境的影响，包括对自然地貌的破坏也要小得多。美国洛克菲勒大学的环保专家在分析比较了风能、太阳能、生物能这些可再生能源以及核能对自然的单位面积破坏情况后，最终得出的结论与人们想象的恰好相反，即与这些可再生能源相比，核能更绿色；从单位面积的能源产出看，核能和这些可再生能源相比有着难以比拟的优势。

因此，在找到新的干净替代能源之前，核能发电是唯一能大量提供电，而又不排放温室效应气体的发电方式。

福岛核电站

福岛核电站是目前世界上最大的核电站，由福岛一站、福岛二站组成，共10台机组（一站6台，二站4台），均为沸水堆。受2011年日本大地震影响，福岛第一核电站损毁极为严重，大量放射性物质泄漏到外部。日本内阁官房长官枝野幸男宣布第一核电站的1~6号机组将全部永久废弃。联合国核监督机构国际原子能机构（IAEA）干事长天野之弥表示日本福岛核电厂的情况发展“非常严重”。法国法核安全局先前已将日本福岛核泄漏列为六级。2011年4月12日，日本原子能安全保安院根据国际核事件分级表将福岛核事故定为最高级7级。